高等职业教育大数据与人工智能专业群系列教材

# 人工智能开发框架应用

主　编　王明超　芦娅云

副主编　宫静娜　李新萍　李　峪　熊　军

中国水利水电出版社
www.waterpub.com.cn
·北京·

# 内 容 提 要

本书以深度学习框架 PyTorch 为基础，介绍机器学习的基础知识和应用方法，详细介绍了各种神经网络结构、经典神经网络的工作原理及其在 PyTorch 框架下的应用实践。本书共有 9 个项目，主要介绍深度学习相关基础知识、PyTorch 框架基础知识、机器学习基础知识、人工神经网络、卷积神经网络、循环神经网络、生成对抗网络和目标检测网络等。

本书适合深度学习的初学者学习，可作为计算机相关专业的教材，也可供从事相关开发工作的工程技术人员阅读参考，或者作为其他社会培训的培训教材或参考书。

**本书配有微课视频、电子课件、程序源码等课程教学资源，读者可以从中国水利水电出版社网站（www.waterpub.com.cn）或万水书苑网站（www.wsbookshow.com）免费下载。**

图书在版编目（CIP）数据

人工智能开发框架应用 / 王明超，芦娅云主编. --
北京 ：中国水利水电出版社，2024.4
高等职业教育大数据与人工智能专业群系列教材
ISBN 978-7-5226-2363-4

Ⅰ．①人… Ⅱ．①王… ②芦… Ⅲ．①机器学习－高
等职业教育－教材 Ⅳ．①TP181

中国国家版本馆CIP数据核字(2024)第041082号

策划编辑：杜雨佳　责任编辑：张玉玲　加工编辑：刘　瑜　封面设计：苏　敏

| 书　　名 | 高等职业教育大数据与人工智能专业群系列教材<br>人工智能开发框架应用<br>RENGONG ZHINENG KAIFA KUANGJIA YINGYONG |
| --- | --- |
| 作　　者 | 主　编　王明超　芦娅云<br>副主编　宫静娜　李新萍　李　峪　熊　军 |
| 出版发行 | 中国水利水电出版社<br>（北京市海淀区玉渊潭南路 1 号 D 座　100038）<br>网址：www.waterpub.com.cn<br>E-mail：mchannel@263.net（答疑）<br>　　　　sales@mwr.gov.cn<br>电话：（010）68545888（营销中心）、82562819（组稿） |
| 经　　售 | 北京科水图书销售有限公司<br>电话：（010）68545874、63202643<br>全国各地新华书店和相关出版物销售网点 |
| 排　　版 | 北京万水电子信息有限公司 |
| 印　　刷 | 三河市德贤弘印务有限公司 |
| 规　　格 | 184mm×260mm　16 开本　12.75 印张　310 千字 |
| 版　　次 | 2024 年 4 月第 1 版　2024 年 4 月第 1 次印刷 |
| 印　　数 | 0001—2000 册 |
| 定　　价 | 38.00 元 |

凡购买我社图书，如有缺页、倒页、脱页的，本社营销中心负责调换

# 编　委　会

# 前　　言

人工智能作为一种新时代的智能化技术，已经成为推动社会进步和创造价值的重要力量。它旨在通过对问题的抽象和数据建模，让机器或计算机系统能够模拟人类智能去解决一系列问题，包括语言理解、自然语言处理、决策制定、视觉感知等。

机器学习是人工智能领域的重要分支，它利用统计学习算法来使计算机系统从经验中学习，从而改进其性能，是一种实现人工智能的有效途径；而深度学习则是属于机器学习的一类算法，它采用深度神经网络结构，可以自动地从数据中提取特征和模式，并对任务进行端到端的训练和优化，是一种特定的机器学习实现方法，尤其在语音和图像识别方面具有突出的表现。因而，学习深度学习需要具备一定的机器学习基础知识，同时本书采用 PyTorch 框架进行应用开发，要求学习者应具备一定的 Python 语言编程能力。

党的二十大报告提出，推动战略性新兴产业融合集群发展，构建新一代信息技术、人工智能、生物技术、新能源、新材料、高端装备、绿色环保等一批新的增长引擎。因此，为了促进人工智能技术的应用推广，本书以使学习者理解人工智能领域中深度学习算法的基本原理和运用经典深度学习算法来解决问题为目标，采用任务驱动教学方式，详细介绍各种神经网络的结构，以及结合 PyTorch 框架解决实际问题的过程。

在体例安排上，本书分为 9 个项目，先介绍人工智能技术的发展背景及深度学习相关基础知识，以激发学习者的兴趣；再介绍 PyTorch 开发环境的搭建和基础知识，为算法的实现与应用奠定基础；继而依次介绍机器学习基础知识、人工神经网络的结构、卷积神经网络的结构、循环神经网络的结构、生成对抗网络的结构和目标检测网络的结构，同时配合项目应用环节，以达到理解应用算法的学习目标。

本书的内容结构如下。

项目 1：介绍深度学习基础知识，包括深度学习的发展历程，人工智能、机器学习和深度学习的关系，机器学习算法的分类，深度学习的应用情况，以及深度学习的常用框架。

项目 2：介绍 PyTorch 环境配置与基本应用，包括 PyTorch 的核心功能和设计理念，PyTorch 所需开发环境的搭建和开发工具的安装，以及 PyTorch 基础知识和应用。

项目 3：介绍机器学习基础知识及其典型应用，包括回归和分类的概念，机器学习线性回归、逻辑回归和分类模型的工作原理，以及利用逻辑回归模型如何实现二分类预测。

项目 4：介绍神经网络基础知识及其简单应用，包括人工神经元，单层和多层感知机，深度学习的工作流程，以及利用神经网络线性回归模型实现房价预测。

项目 5：介绍卷积神经网络及其应用，包括卷积神经网络的结构，经典的卷积神经网络结构，欠拟合和过拟合，图像增广技术，以及利用卷积神经网络实现图像分类。

项目 6：介绍循环神经网络及其应用，包括时序数据，循环神经网络的结构，循环神经网络的建模，长短期记忆网络，以及利用 LSTM 模型实现股票价格预测。

项目 7：介绍生成对抗网络及 DCGAN 应用，包括生成对抗网络概述，生成对抗网络的基本原理，经典的生成对抗网络结构，随机种子及其使用方法，以及利用 DCGAN 模型实现真假图像识别。

项目 8：介绍 CycleGAN 及其应用，包括 CycleGAN 网络结构，图像风格迁移的工作原理，以及利用 CycleGAN 模型实现图像风格迁移。

项目 9：介绍目标检测算法及其应用，包括基于候选区域的目标检测算法，基于回归的目标检测算法，目标检测的预测框，以及利用 Mask R-CNN 模型实现目标检测。

为方便读者使用，本书免费配置了 PPT、微课视频、案例源码和习题答案等课程教学资源，读者可通过扫描二维码或登录出版社官方网站获取。

本书由王明超、芦娅云任主编，宫静娜、李新萍、李峪、熊军任副主编，王明超负责编写项目 1、2、4，芦娅云负责编写项目 3、5、6，宫静娜、李新萍、李峪和熊军分别负责编写项目 7、8 和 9。由于编者水平有限，书中不妥或错误之处在所难免，恳请广大读者批评指正，一旦发现错误，可及时与编者联系，以便尽快更正，编者将不胜感激。

编 者

2024 年 2 月

# 目　录

# 项目1　深度学习概述

## 【项目导读】

深度学习是当今人工智能领域最火热的技术之一，广泛应用于生活的各个领域。深度学习与数学有着密不可分的联系，对数学基础有较高要求，这使深度知识和应用的学习存在一定难度，而深度学习框架的出现很大程度上降低了学习门槛，提高了开发效率。

本项目的要求是了解深度学习的基本概念，了解深度学习算法的分类和应用现状，理解人工智能、机器学习和深度学习的关系，从而对深度学习有一个基本认识；同时，了解几种常用的深度学习框架的特点和应用场景，为后续学习和应用深度学习框架做好准备。

## 【项目基础知识】

## 1.1　了解深度学习

本节将介绍深度学习的概念、深度学习的发展历程，以及人工智能、机器学习和深度学习的关系。

### 1.1.1　深度学习的概念

深度学习（Deep Learning，DL）是机器学习（Machine Learning，ML）领域中一个新的研究方向。深度学习的概念源于对人工神经网络的研究，人工神经网络是机器学习的一个分支。在人工神经网络的早期发展中，受制于算法理论、算力、数据等多方面的影响，人工神经网络发展缓慢，结构多为浅层网络，和其他机器学习算法（逻辑回归、支持向量机等）相比并没有明显优势。随着计算机性能的提升及大数据技术的发展，人工神经网络取得了突破式发展。基于大数据构建的新一代人工神经网络层级不断增多，模型更为复杂，功能更加强大，受到了越来越多研究者的重视和关注，这种多层次的神经网络又称深度神经网络。基于深度神经网络的机器学习也被称为深度学习。

### 1.1.2　深度学习的发展历程

通过前面的介绍，可以了解到深度学习是机器学习的一个分支，其核心是深度神经网络，而深度神经网络又是由浅层人工神经网络发展而来的。因此，深度学习的发展历程伴随着人工神经网络的发展。人工神经网络的发展并不是一帆风顺的，中间经过了几次起伏，大体上分为浅层学习阶段和深层学习阶段。

1. 浅层学习阶段

早在 1943 年，神经科学家麦卡洛克（W.S.McCilloch）和数学家皮兹（W.Pitts）提出用计算机来模拟人脑的思想并发表了 MCP 人工神经元模型。MCP 人工神经元模型是按照生物神经元的结构和工作原理构造出来的一个抽象和简化了的模型，该模型将神经元简化为三个过程：输入信号线性加权、求和、非线性激活（阈值法）。

1958 年，计算机科学家罗森布拉特（Rosenblatt）基于 MCP 人工神经元模型提出了两层神经元组成的神经网络模型，称为感知器模型。感知器模型已初步具备深度学习的思想，它将 MCP 算法实现并应用到了实际的数据分类问题当中。感知器模型引发了第一次人工神经网络学习的狂潮，但随着时间的推移，人们发现感知器算法只能处理线性问题，应用范围有限。因此，感知器模型的发展受到了限制，人工神经网络的发展进入了一段低谷期。

这段低谷期一直持续到 20 世纪 80 年代。1986 年，加拿大多伦多大学教授杰弗里·辛顿（Geoffrey Hinton）提出了人工神经网络的逆向传播算法，即 BP 算法。BP 算法通过对参数进行逆向传播的方式有效解决了非线性分类和学习的问题。该算法的提出为机器学习注入了新的活力，进而引发了第二次人工神经网络学习的狂潮。

但是随着计算机新技术的发展和 BP 算法的进一步应用，人们发现 BP 算法的误差会随着网络层数的增加而逐渐消失，产生梯度消失问题，导致整个神经网络无法对前层进行有效学习，该问题使网络的发展又进入了一段新的低谷期。在这段低谷期中，基于统计思想的机器学习算法发展迅速，产生了例如支持向量机、决策树、随机森林等性能优异的算法。这些算法对数据分类有着更好的效果，因此成为同时期的主流算法，这也间接限制了人工神经网络的发展。

2. 深层学习阶段

2006 年，杰弗里·辛顿教授和他的学生在《科学》上发表了一篇论文，该论文对 BP 神经网络中梯度消失的问题提出了解决方法，使人工神经网络的学习由浅层进入深层成为了可能。同时论文中也提出了多层隐藏层神经网络具有良好的学习能力的观点。该论文的发表在学术圈和工业圈掀起一股深度学习的浪潮，人工神经网络的发展又迎来了新一轮高潮。2006 年也被称为深度学习的元年。

自 2006 年以来，各国学者和研究机构对深度学习的研究逐渐升温，国外许多著名大学也加入深度学习的研究，包括斯坦福大学、蒙特利尔大学、纽约大学等。直到 2012 年，杰弗里·辛顿教授带领团队参加 ImageNet 图像识别大赛，在比赛中深度学习算法以压倒性的优势打败第二名支持向量机（Support Vector Machines，SVM）算法夺得冠军。从此，深度学习开始在各个领域中逐渐替代传统的机器学习算法，成为人工智能领域热门的研究方向之一。2016 年，谷歌公司及其旗下的团队基于深度学习算法开发了 AlphaGo 程序，与围棋世界冠军李世石进行围棋人机大战，以 4:1 的总比分获胜；2016 年末 2017 年初，AlphaGo 又在中国棋类网站与中日韩数十位围棋高手进行快棋对决，连续 60 局无一败绩；2017 年 5 月，在中国乌镇·围棋峰会上，AlphaGo 与世界排名第一的围棋冠军柯洁对战，以 3:0 的总比分获胜。这一系列事件的发生使深度学习的研究热度呈现井喷式增长。至此,深度学习已成为众多高等院校、研究机构及企业的重点研究方向。

目前，深度学习结合大数据技术已产生了很多优秀的模型。这些模型被应用于计算机视觉、自然语言处理和语音识别等各种场景中。例如，计算机视觉和图像识别领域的卷积神经网络（Convolutional Neural Networks，CNN）、自然语言处理领域的循环神经网络（Recurrent Neural Network，RNN）和长短期记忆网络（Long Short-Term Memory，LSTM）等。未来深度学习模型的发展将注重更强的适应能力、更高效的训练方法及更通用的应用场景，以构建更加通用和高效的智能化系统。

### 1.1.3 人工智能、机器学习和深度学习的关系

人工智能、机器学习和深度学习三者之间联系紧密。那么它们之间的关系如何？

1. 人工智能

人工智能（Artificial Intelligence，AI）是研究、开发用于模拟、延伸和扩展人的智能的理论、方法、技术及应用系统的一门新的技术科学。人工智能是计算机科学的一个分支，该领域的研究包括机器人、语言识别、图像识别、自然语言处理和专家系统等。人工智能的目的就是得机器具备人的智能化技能（如听、说、写、看等），从而执行一些智能化任务以解放人类生产力资源。但是如何使机器具备智能化技能？这一点可类比人的技能提升，人可以通过不断学习获取新技能来提升技能熟练度。机器也同样可以通过学习掌握新技能来提升技能熟练度，这就产生了一门新的学科——机器学习。

2. 机器学习

机器学习是一门多领域交叉学科，内容涉及概率论、统计学等。机器学习研究如何让机器通过学习获得人的智能化行为。机器自身通过不断学习新知识，能够不断提升技能熟练度，改善自身性能。机器学习的过程是一个数据和算法结合的过程，称为训练。假如需要使某机器识别猫的图片，就需要选定一个算法模型，对这个算法模型输入大量猫的图片，去训练模型，让模型认识各种猫的特征并记忆下来，最后将模型植入机器内部，该机器就可以实现对猫图片的识别。机器学习的核心思想是用算法来解析数据，分析出数据中的规律和特征，从而对未知数据做出决策。

3. 深度学习

机器学习有多种算法模型，深度学习只是众多模型中的一种。随着大数据和互联网时代的来临，算力的提高和算法模型的优化，人工神经网络的结构由浅层进入深层。深层次人工神经网络出现很多新的模型和架构，这些新模型拓展了人工神经网络的应用场景，一些使用传统机器学习算法不能解决的问题往往能够很好地用人工神经网络解决，如计算机视觉、语音识别、自然语音处理等。当前，深度学习已经成为人工智能领域最火爆的研究方向之一。

人工智能、机器学习和深度学习三者之间的关系可以理解为，机器学习是实现人工智能的一种方式，深度学习又是机器学习的一个特殊方向。图1-1为人工智能、机器学习和深度学习三者之间的关系，最外圈是人工智能，它包含机器学习，同时包含更多其他实现人工智能的方式方法，中间是机器学习，而深度学习处于最内圈的位置。

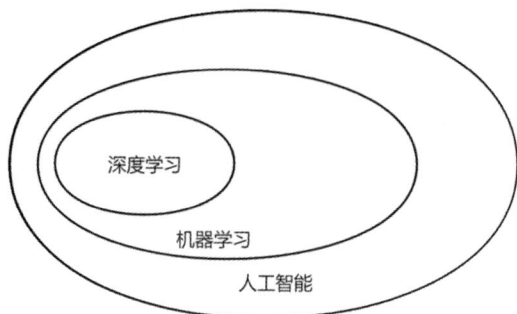

图 1-1　人工智能、机器学习和深度学习三者之间的关系

# 1.2　机器学习算法的分类

机器学习模型是机器学习算法运行在数据上的输出。这里的算法指一系列的计算步骤，用于处理和分析数据，并根据数据的特征进行预测和分类；而模型则是基于算法建立的数学模型，用于预测和分类新的数据。根据机器学习算法的特点可分为监督学习、无监督学习、半监督学习和强化学习。

### 1.2.1　监督学习

监督学习是先将训练数据输入选定的算法模型进行模型训练，直到训练的模型收敛；再把未知数据放入模型，模型就可以基于训练的数据特征信息，预测出未知数据的结果。监督学习算法最显著的特点是它的训练数据要求包括特征和人工标记好的标签。例如，需要对房价进行回归预测，训练数据不仅要包含房子的特征（位置、面积、朝向等），同时要对房子标记标签（房子对应的价格）。选定特定的监督学习算法模型输入训练数据时，模型会学习到房子价格与位置、面积等相关特征的对应关系。当训练过程完毕后，如果该模型性能满足评估标准，就可以利用该模型根据房子的位置、面积、朝向等来预测其他未知价格的房子了。在监督学习算法中，分类算法与回归算法是最常见的两类算法，包括线性回归、逻辑回归、决策树、支持向量机、朴素贝叶斯、K-近邻算法等。分类算法和回归算法的区别在于标签值，分类算法的标签值是离散的，值的数量是有限的；回归算法的标签值是连续的，值的数量是无限的。例如，上述房价预测就是回归算法，房价作为标签有无限多种可能的值。

### 1.2.2　无监督学习

无监督学习与监督学习恰好相反，其训练数据没有进行人工标注。在训练过程中，算法模型需要根据数据特征进行分析，找到数据的潜在规律。例如，对客户群体进行分类，训练输入的所有客户数据是没有具体类别标签的，只有客户特征（客户消费金额、消费频率、收入等）。无监督学习算法模型通过对客户特征进行分析，将特征相似的一类客户聚合成一个个小团体，然后依据每个小团体内部的客户特征打上标签，这样每个小团体都有一个具体的类别标签。无监督学习的常用算法包括聚类、降维等。

### 1.2.3　半监督学习

半监督学习介于监督学习与无监督学习之间。半监督学习在训练阶段的数据大部分没有标签，只有少部分有标签。因为真实数据分布很可能不是完全随机的，通过一些有标签数据的局部特征和一些无标签数据的整体分布，可以训练出更加符合实际情况的、表现更加良好的模型。半监督学习算法主要分为半监督分类、半监督回归、半监督聚类、半监督降维算法等。

### 1.2.4　强化学习

强化学习也称为增强学习，用于描述和解决智能体（Agent）在与环境交互过程中通过学习策略以达成回报最大化或实现特定目标的问题。不同于监督学习和非监督学习，强化学习不要求预先给定任何数据进行模型训练，模型通过在实际应用中接收环境对动作的奖励（反馈）来获得学习信息并更新优化自身模型参数。强化学习在信息论、博弈论、自动控制等领域会有更多的讨论。

# 1.3　深度学习的应用情况

目前，深度学习已经被广泛应用于多个场景，如图像识别、目标检测、自动驾驶、语义分割、机器翻译、虚拟游戏等。

### 1.3.1　计算机视觉领域应用情况

**1. 图像识别**

图像识别是深度学习最早应用的领域之一。图像识别本质是一个图像分类问题，基本原理就是输入图像，输出该图像属于每个类别的概率，根据各类别概率大小判定该图像为哪个类别。例如，输入一种猫的图片，期望其输出属于猫这个类别的概率值最大，这样就可以认为这张图片是猫。常见的图像识别的网络有 VGG、Inception、ResNet 系列等。

**2. 目标检测**

目标检测是通过训练深度学习网络，使其能够自动找到图片中单个或多个目标的大致位置。每个目标以一个矩形边界框将其框住，并对其进行图像分类。常见的目标检测算法有 YOLO、SSD、RCNN 等系列算法。

**3. 自动驾驶**

在自动驾驶中，深度学习可以帮助无人驾驶汽车识别和理解周围环境，从而做出安全驾驶决策。例如马路线与路标的检测、获取周边行人和车辆的三维信息等。

### 1.3.2　自然语言处理领域应用情况

**1. 语义分割**

语义分割就是对图片中的每个像素进行分类处理，通过算法模型自动将图片中不同物体的像素进行分类，标注出每个物体在图像中的准确位置。常见的语义分割算法有 FCN、U-net、SegNet、DeepLab 等系列算法。

### 2. 机器翻译

传统的机器翻译模型采用基于统计分析的算法模型，对于复杂的语言表达逻辑翻译效果不佳。而基于深度学习的机器翻译，其结果更加接近人类的表达逻辑，且正确率大幅提高。机器翻译模型有 Seq2Seq、BERT、GPT、GPT-2 等。

### 1.3.3 其他领域应用情况

在虚拟游戏中，机器可以通过深度强化学习模型进行自我模拟、自我训练、自我测试，在既定的游戏规则下，学习到尽可能好的策略，战胜对手。例如，谷歌训练的 AlphaGo 战胜围棋高手李世石，深度强化学习模型让机器变得比人类更聪明。

# 1.4 常用框架对比

常用的深度学习框架有 TensorFlow、Caffe 和 PyTorch 等，下面分别介绍这几种框架的特点和适用领域。

### 1.4.1 TensorFlow

2015 年 11 月，谷歌正式开源 TensorFlow 深度学习框架。它是所有深度学习框架中生态最完整的框架之一，由 C++开发，支持 Python、JavaScript、C++、Java、Swift、R 等语言的调用。TensorFlow 框架包含各种工具、库和社区资源，可以帮助开发者轻松构建和部署由机器学习提供支持的应用。TensorFlow 框架是一个非常底层的深度学习框架，虽然资料齐全，但是使用 TensorFlow 搭建深度学习模型需要编写大量底层代码，这对初学者来说过于烦琐。

在编程中，一般都不直接使用 TensorFlow 底层应用程序编程接口（Application Programming Interface，API）构建深度学习模型，而是调用一些更方便的上层 API 实现，最常用的上层 API 就是 Keras。Keras 运行在 TensorFlow 框架之上，对 TensorFlow 框架的底层 API 进行大量封装，最大化减少初学者搭建深度学习框架的代码量，同时使代码易于理解。

TensorFlow 的主要应用场景包括图像识别，如人脸、车牌等高精度识别；自然语言处理，如文本分类、情感分析、机器翻译等；语音识别，如语音转文字、语音指令识别等；推荐系统，如商品、电影等个性化推荐。

### 1.4.2 Caffe

2013 年 9 月，AI 科学家贾扬清正式开源 Caffe 框架。它主要面向图像处理领域，不适合运行非图像任务，采用 C++实现，支持 C、C++、Python、MATLAB 等编程语言。Caffe 框架的出现时间比 TensorFlow 还要早，在 TensorFlow 出现之前一直是深度学习领域使用最多的项目。Caffe 的运行速度快，但是对初学者来说使用相对复杂。Caffe 的设计初衷只针对图像处理领域，对文本、语音或时间序列数据的支持并不友好。因此，它主要被应用于图像分类、物体检测、人脸识别等场景。

### 1.4.3 PyTorch

2017 年 1 月，Facebook 团队发布了 PyTorch 深度学习框架。与 TensorFlow 相比，PyTorch 更直观。即使没有扎实的数学基础或纯机器学习背景，也可以理解 PyTorch 的模型结构。PyTorch 的 API 设计非常简洁，提供了非常丰富的模型组件，用于快速构建深度学习模型。与 Caffe 和 TensorFlow 相比，PyTorch 建立的神经网络模型是动态的，通过反向自动求导的技术，用户可零延迟地改变神经网络的结构，而不必从头开始训练。动态神经网络也使 PyTorch 可以方便地输出每一步的调试结果，更方便代码调试。

PyTorch 的应用场景也非常广泛，主要包括图像识别、自然语言处理、计算机视觉等。

# 项 目 小 结

1．深度学习的概念源于对人工神经网络的研究，人工神经网络是机器学习的一个分支。

2．人工智能、机器学习和深度学习三者之间的关系可以理解为，机器学习是实现人工智能的一种方式，深度学习又是机器学习的一个特殊方向。

3．机器学习训练过程是算法和数据的结合，这些算法大体上可以分为监督学习、无监督学习、半监督学习和强化学习四类。

4．深度学习已被应用于各种场景，如图像识别、目标检测、自动驾驶、语义分割、机器翻译、虚拟游戏等。

5．深度学习的常用框架主要有 TensorFlow、Caffe 和 PyTorch 等。

# 课 后 练 习

1．简述机器学习和深度学习的关系。

项目 1 课后练习答案

2．简述监督学习、无监督学习、半监督学习和强化学习的区别。

3．简述 TensorFlow、Caffe 和 PyTorch 三者的特点和应用场景。

# 项目 2　PyTorch 环境配置与基本应用

## 【项目导读】

Python 是机器学习和深度学习的最佳开发语言，但使用它直接进行实际应用开发，工作效率过于低下。PyTorch 是开源机器学习框架 Torch 的 Python 版本，专门针对 GPU 加速的深度神经网络编程。其神经网络动态式建立方式可大大缩短模型开发调试的时间，提高开发效率。由于 PyTorch 是基于 Python 的框架，因此，要求读者事先要熟练掌握 Python 的用法。

本项目的要求是在 Windows 系统下完成 PyTorch 环境的搭建，掌握 Tensor 和 Autograd 的基本应用，具体任务如下：

（1）搭建虚拟环境和安装开发工具。

（2）Tensor 的应用。

（3）Autograd 的应用。

## 【项目基础知识】

## 2.1　Anaconda 包管理器和环境管理器

基于 Python 的应用程序，在开发过程中需要使用诸多依赖包，为了方便对依赖包的管理和使用，通常会使用包管理工具。下面介绍常用的 Anaconda 包管理器和环境管理器，以及其内置的 Conda 包管理器。

1. Anaconda 简介

Anaconda 是一个基于 Python 的数据科学平台，其本质是包管理器和环境管理器。该平台提供了大量的科学计算、数据分析和机器学习工具，包括Python 解释器、Conda 包管理器和环境管理器，以及丰富的第三方库（如 Jupyter 等），被广泛应用于数据科学和机器学习等领域。实际上，Anaconda 是基于 Conda 构建的 Python 发行版，包含了许多预安装的常用科学计算和数据分析软件包。

利用 Anaconda 的 Conda 工具，开发者可以方便地安装、管理和升级这些软件包，同时可以使用 Conda 创建和管理独立的 Python 环境，以便在不同的项目和应用中使用不同的 Python 版本和依赖项。

Anaconda 所包含的第三方库可分为四类：基础库（Jupyter、Pandas、NumPy、Scipy）、机器学习库（Sklearn、NLTK、Keras、TensorFlow、PyTorch）、可视化库（Matplotlib、Seaborn、Plotly）和拓展计算库（Numba、Dask、PySpark）。

正是由于 Anaconda 包含了丰富的第三方库，故其显得较为臃肿，安装包本身就超过了 500MB，所占的运行空间则需要几个 GB，为了避免功能冗余，本书将选择 Anaconda 的简化版 Miniconda，该版本的安装包只有 50MB，仅包含 Conda 和 Python 等常用工具。

2. Conda 工具的常用命令

（1）基本操作命令。

1）升级全部库：conda upgrade --all。

2）升级某个包：conda update xxx。

3）安装某个包：conda install xxx。

4）安装多个包：conda installl xxx xxx xxx ...。

5）安装指定版本的包：conda install xxx =版本号。

6）移除某个包：conda remove xxx。

7）查看所有包：conda list。

（2）管理 Python 环境。

1）创建新的虚拟环境：conda create --name xxx。

2）指定 Python 版本：conda create --name xxx python =版本号。

3）激活某个虚拟环境：conda activate xxx 或 activate xxx。

4）退出当前虚拟环境：conda deactivate。

5）删除某个虚拟环境：conda env remove --name xxx。

6）显示所有虚拟环境：conda env list。

# 2.2 PyTorch 深度学习框架

PyTorch 是在 Torch 的基础上使用 Python 重新打造的深度学习框架。Torch 是一个经典的处理张量（Tensor）的库，在机器学习和其他数学密集型应用中有着广泛应用。由于其所采用的语言——Lua 较少有人使用，因此 Facebook 团队在 2017 年发布了 Python 版本——PyTorch，它为开发者提供了两个核心功能：一是支持 GPU 加速的张量计算；二是方便优化网络的自动微分机制。

PyTorch 具有先进的设计理念，主要体现在动态计算图、易用性和灵活性，以及强大的生态系统。

1. 动态计算图

在深度学习中，计算图用于表示神经网络的计算过程。PyTorch 的计算图是动态的，可以根据计算需要实时改变计算图。这意味着在运行时可以动态地构建、修改和调试计算图，使开发者能够更加灵活地处理复杂的网络结构和流程控制，同时为调试和可视化提供了更好的支持。简单地说，开发者不需要一开始构建全部的神经网络结构，而是一行行代码调试运行，逐步建立起 PyTorch 计算图。例如：

```
import torch
x = torch.tensor([1, 2, 3])
```

```
print(x)
y = torch.tensor([4, 5, 6])
```

上述示例中，定义了两个张量 x 和 y，每条语句都可依次单独运行，例如运行完第二行代码，就可以使用 print(x)语句将 x 的值输出。

2. 易用性和灵活性

PyTorch 为开发者提供了用户友好的 API，使深度学习的开发过程变得更加简单直观。一方面，PyTorch 具有符合 Python 特点的接口风格（Pythonic），开发者能够以 Python 编程的方式定义、训练和保存深度学习模型；另一方面，PyTorch 提供了丰富的预训练模型和模型组件，方便开发者快速构建和迭代模型。

3. 强大的生态系统

PyTorch 拥有庞大而活跃的社区，能够为开发者提供丰富的资源和支持。PyTorch 生态系统中涌现了许多优秀的扩展库和工具，如 TorchVision、Torchtext 和 Ignite 等，使开发者在计算机视觉、自然语言处理和增强学习等领域的研究和应用更加便捷。

# 2.3 Tensor 对象及其运算

Tensor 是 PyTorch 最基础的数据结构，通常被译为张量，类似于 NumPy 库中的 ndarray，但 Tensor 还具有更多的功能，包括 GPU 计算（即可部署到 GPU 或 CPU 上去进行计算）和自动求梯度等。PyTorch 中所有针对数据集的操作都是基于 Tensor 的，有必要先学习如何创建和操作 Tensor。

## 2.3.1 初识 Tensor

Tensor 是一个组合类型的数据类型，用于表示一个多维数组或矩阵，它的通用表示形式为 $[T_1, T_2, T_3, ..., T_n]$，其中 T 可以是指定类型的单个数字，也可以是一个数组或矩阵。Tensor 的基本属性包括维度、形状、数据类型和所在设备。例如：

```
1                          #维度为 0，标量（数字）
[1,2,3]                    #维度为 1，一维向量
[[1,2],[3,4]]             #维度为 2，二维数组
[[[1,2],[3,4]],[[1,2],[3,4]]]   #维度为 3，三维数组
```

（1）Tensor 的维度。Tensor 的维度是可以根据 Tensor 最左边的左中括号的数量来确定的，当最左边的左中括号的数量为 n 时，该 Tensor 就是 n 维的。

（2）Tensor 的形状。Tensor 的形状的描述形式为[$n_1$,$n_2$,...]，n1 是 Tensor 最左边第一个括号中的元素数量，$n_2$ 是 Tensor 最左边第二个括号中的元素数量，以此类推。例如，[1, 2, 3]的形状为[3]，[[1,2],[3,4]]的形状为[2, 2]，[[[1, 2], [3, 4]], [[1, 2], [3, 4]]]的形状为[2, 2, 2]。形状括号中数字的个数对应 Tensor 的维度。

（3）Tensor 的数据类型。Tensor 常用的数据类型包括 32 位浮点型 torch.FloatTensor，64 位浮点型 torch.DoubleTensor，16 位整型 torch.ShortTensor，32 位整型 torch.IntTensor 和 64 位整型 torch.LongTensor。

（4）Tensor 所在设备。Tensor 所在设备是指存储 Tensor 对象的设备名称，包含 cpu 和 cuda，分别表示 CPU 和 GPU，如果是 GPU，则还需要指明具体的卡号，否则默认为在当前设备中。

### 2.3.2　Tensor 的创建

PyTorch 提供了多种创建 Tensor 的方式。

**1. 从 numpy.ndarray 转换为 Tensor**

利用 Torch 库的 from_numpy 函数将某个 numpy.ndarray 数组变量类型转换成 Tensor 类型，函数参数为数组变量。

例如：

```
import numpy as np            #导入 NumPy 库
import torch                  #导入 Torch 库

n_arr = np.array([1, 2, 3])   #定义 ndarray 对象
t_obj = torch.from_numpy(n_arr)  #将 ndarray 转换为 Tensor
print(t_obj)
print(t_obj.type())
```

输出结果：

```
tensor([1, 2, 3], dtype=torch.int32)   #转换后的 Tensor
torch.IntTensor                        #转换后的 Tensor 数据结构类型
```

**2. 从现有数据转换为 Tensor**

利用 Torch 库的 tensor 函数将某个已有数据（如数组）类型转为 Tensor 类型，函数参数为已有数据变量。

例如：

```
import torch                  #导入 Torch 库

arr = [1, 2, 3, 4]            #定义数组
t_obj = torch.tensor(arr)     #将数组类型转换为 Tensor 类型
print(t_obj)
print(t_obj.type())
```

输出结果：

```
tensor([1, 2, 3, 4])          #转换后的 Tensor
torch.LongTensor              #转换后的 Tensor 数据结构类型
```

**3. 直接创建 Tensor**

利用 Torch 库的相关函数来直接创建 Tensor 对象，常用函数有 empty、rand、zeros 和 ones，这些函数中参数的个数表示其维度，各参数则依次表示各维度的长度。

例如：

```
import torch                  #导入 Torch 库

#创建一个空的 Tensor，维度为三维，长度分别是 2、3 和 4
x1 = torch.empty(2, 3, 4)
```

```
#创建一个随机初始化的 Tensor，维度为二维，长度分别是 2、3
x2 = torch.rand(2, 3)
#创建一个全 0 的 Tensor
x3 = torch.zeros(2, 3)
#创建一个全 1 的 Tensor
x4= torch.ones(2, 3)

print(x1)
print(x2)
print(x3)
print(x4)
```

输出结果：

```
tensor([[[1.0102e-38, 9.0919e-39, 1.0102e-38, 8.9082e-39],      #x1
         [9.9184e-39, 9.0000e-39, 1.0561e-38, 1.0653e-38],
         [4.1327e-39, 8.9082e-39, 9.8265e-39, 9.4592e-39]],


        [[1.0561e-38, 1.0653e-38, 1.0469e-38, 9.5510e-39],
         [1.0745e-38, 9.6429e-39, 1.0561e-38, 9.1837e-39],
         [1.0653e-38, 8.4490e-39, 8.9082e-39, 8.9082e-39]]])
tensor([[0.1863, 0.2292, 0.0083],                                #x2
        [0.5674, 0.5072, 0.0235]])
tensor([[0., 0., 0.],                                            #x3
        [0., 0., 0.]])
tensor([[1., 1., 1.],                                            #x4
        [1., 1., 1.]])
```

从上述输出结果可知，empty 函数所创建的 Tensor 对象中的数值是随机分布的，因此，在使用前应对其进行初始化。

### 2.3.3 Tensor 的基本操作

Tensor 的基本操作包括获取 Tensor 形状和数据类型、基本索引操作、切片索引操作、改变 Tensor 形状、设置 Tensor 所在设备和 Tensor 算术运算。

1. 获取 Tensor 形状和数据类型

利用 Tensor 的 shape 属性可得到其形状。

例如：

```
import torch                        #导入 Torch 库

x = torch.rand(2, 3)               #创建一个随机初始化的 Tensor
print(x)                           #获取 x
print(x.shape)                     #获取 x 的形状
print( x.shape[0])                 #获取 x 在第 1 维度上的长度
print(x.dtype)                     #获取 x 中元素的数据类型
```

输出结果：

```
tensor([[0.0011, 0.3780, 0.9768],   #x
```

```
                [0.6306, 0.1841, 0.7422]])
torch.Size([2, 3])                          #x 的形状
2                                           #x 在第 1 维度上的长度
torch.float32                               #x 中元素的数据类型
```

## 2. 基本索引操作

PyTorch 支持与 Python 和 NumPy 类似的基本索引操作。PyTorch 中的基本索引可以通过整数值对 Tensor 进行索引，获取指定位置的数据块或某个元素。

例如：

```
import torch

x = torch.arange(0, 9)          #创建一个一维 Tensor 对象，且元素值为 0～8
y = x.view([3, 3])              #基于 x 构造形状为[3, 3]的 Tensor 对象

print(x)
print(y)
print(y[0])                     #显示索引 y 的第 1 行
print(y[0][1])                  #显示索引 y 的第 1 行和第 2 列
```

输出结果：

```
tensor([0, 1, 2, 3, 4, 5, 6, 7, 8])     #x
tensor([[0, 1, 2],                       #y
        [3, 4, 5],
        [6, 7, 8]])
tensor([0, 1, 2])                        #y 的第 1 行
tensor(1)                                #y 的第 1 行和第 2 列
```

## 3. 切片索引操作

通过切片索引能够帮助开发者快速提取 Tensor 中的部分数据，这是数据集处理中的常见操作。所谓切片，是指对 Tensor 中的数据整体进行切分，以便获取需要的某个数据块。切片索引操作可以根据 Tensor 的 shape 从前往后依次在每个维度上做索引。

例如：

```
import torch

x = torch.rand(2, 2, 3, 3)      #创建一个四维的随机初始化的 Tensor
print(x)                        #显示 x
print(x[0].shape)               #获取第 1 维度上第 1 个切片的形状
print(x[0])                     #获取第 1 维度上的第 1 个切片
print(x[0, 0])                  #获取第 2 维度上第 1 个切片
print(x[0, 0, 1, 2])            #获取第 3 维度上第 2 个切片的第 3 个元素
```

输出结果：

```
tensor([[[[0.1048, 0.9913, 0.3474],      #x
         [0.1445, 0.1916, 0.7996],
         [0.8057, 0.4374, 0.2419]],
```

```
        [[0.4418, 0.1519, 0.8487],
         [0.9357, 0.7751, 0.2918],
         [0.5732, 0.4741, 0.8441]]],


       [[[0.3472, 0.8111, 0.1803],
         [0.4041, 0.6532, 0.5437],
         [0.3261, 0.4066, 0.1932]],


        [[0.8266, 0.7953, 0.5514],
         [0.4487, 0.6457, 0.8262],
         [0.5824, 0.6538, 0.7994]]]])
```

torch.Size([2, 3, 3])     #第 1 维度上第 1 个组数据的形状

```
tensor([[[0.1048, 0.9913, 0.3474],      #第 1 维度上的第 1 个组数据
         [0.1445, 0.1916, 0.7996],
         [0.8057, 0.4374, 0.2419]],


        [[0.4418, 0.1519, 0.8487],
         [0.9357, 0.7751, 0.2918],
         [0.5732, 0.4741, 0.8441]]])
```

```
tensor([[0.1048, 0.9913, 0.3474],       #第 2 维度上的第 1 个组数据
        [0.1445, 0.1916, 0.7996],
        [0.8057, 0.4374, 0.2419]])
```

tensor(0.7996)      #第 3 维度上第 2 个组数据的第 3 个元素

4. 改变 Tensor 形状

利用 tensor.view 函数可以对 Tensor 进行形状变换, 即把现有 Tensor 中的数据按行优先的顺序排成一个一维数据, 之后根据 tensor.view 函数中的参数将原有 Tensor 重新组合成其他形状的 Tensor。

例如:

```
import torch

x = torch.tensor([[1, 2, 3], [4, 5, 6]])    #创建 Tensor 对象
print(x)
print(x.shape)                              #获取 x 的形状
y = x.view(3, 2)                            #改变 x 的形状为[3,2]
print(y)
print(y.shape)                             #获取 y 的形状
```

输出结果:

```
tensor([[1, 2, 3],          #x 的形状为[2, 3]
        [4, 5, 6]])
tensor([[1, 2],             #y 的形状[3, 2]
        [3, 4],
        [5, 6]])
```

5. 设置 Tensor 所在设备

利用 torch.device 函数创建设备对象，并将其作为 Tensor 对象的参数来设置该对象存储的设备。

例如：

```
import torch

cuda1 = torch.device('cuda:0')          #创建设备对象，且其类型为 cuda，编号为 0
x = torch.randn((2,3), device=cuda0)    #创建 Tensor 对象，并设定其所在设备为 cuda0
    cpu = torch.device('cpu')           #创建设备对象，且其类型为 cpu
y = torch.randn((2,3), device=cpu)      #创建 Tensor 对象，并设定其所在设备为 cpu

print(x)
print(y)
```

输出结果：

```
tensor([[0.6847, 0.9348, 0.8766],          #x
        [0.2776, 0.1330, 0.3246]], device='cuda:0')
tensor([[0.3163, 0.8591, 0.3546],          #y
        [0.4773, 0.5053, 0.0775]])
```

6. Tensor 算术运算

利用 torch.add、torch.sub、torch.mul 和 torch.div 函数，分别对两个 Tensor 对象中各对应元素之间进行加、减、乘和除运算。

例如：

```
import torch

x = torch.tensor([[1,2],[3,4]])    #创建 Tensor 对象
y = torch.tensor([[5,6],[7,8]])    #创建 Tensor 对象
z1 = x.add(y)                      #加运算
z2 = x.sub(y)                      #减运算
z3 = x.mul(y)                      #乘运算
z4 = x.div(y)                      #除运算

print(z1)
print(z2)
print(z3)
print(z4)
```

输出结果：

```
tensor([[ 6,  8],              #z1
        [10, 12]])
tensor([[-4, -4],              #z2
        [-4, -4]])
tensor([[ 5, 12],              #z3
        [21, 32]])
tensor([[0.2000, 0.3333],      #z4
        [0.4286, 0.5000]])
```

# 2.4　自动求导机制

使用 Tensor 来训练深度学习网络是很方便的，但其中反向传播过程的实现较为复杂，PyTorch 的自动求导机制（Autograd）为此提供了更为便利的实现途径。

PyTorch 提供 Autograd 作为自动求导引擎，用于计算张量的梯度。在网络训练过程中，针对复杂的深度学习网络结构，如果手动进行反向传播过程的实现，不仅费时费力，还会容易出错，难以检查。Autograd 为用户提供了自动求导功能，能够在程序运行时动态追踪计算，根据输入和前向传播过程自动构建计算图，并执行反向传播。因此，Autograd 对深度学习网络的构建起到了关键性作用。关于前向传播、反向传播和梯度计算的实现会在后续单元的案例中进行介绍。

Autograd 的使用方法是，首先在创建 Tensor 对象时，设置其初始化参数 requires_grad 为 True，表示需要计算梯度，之后 Autograd 会自动跟踪该对象的计算轨迹。一旦用户需要计算导数，可直接对最终结果的 Tensor 对象调用 backward 函数，而后所有计算节点的求导完成并保存于该 Tensor 对象的 grad 属性中。这里需要注意的是，最终结果的 Tensor 的元素必须是一个标量。另外，在某种特殊情况下，可以通过 torch.no_grad 函数包裹某个代码段，使其不会被自动求导。

## 【项目实施】

# 任务 2.1　搭建虚拟环境和安装开发工具

搭建虚拟环境和
安装开发工具

### 【任务描述】

本任务要求在 Windows 系统环境下，搭建 Python 开发环境，完成 PyTorch 的 GPU 版本和 CPU 版本的安装，以及 PyTorch 代码编辑器的安装。

### 【实施思路】

（1）下载安装 Miniconda 包管理器和部署工具。
（2）创建虚拟环境。
（3）安装 CPU 版本 PyTorch 深度学习框架。
（4）安装 GPU 版本 PyTorch 深度学习框架。
（5）安装常用库和代码编辑器 Jupyter Notebook。

### 【任务实施】

1. 安装 Miniconda

Conda 是一个包管理器和环境管理器，其作用是进行包的管理，同时可以根据需要为不同

Python 版本下的不同项目构建相互独立的开发环境。Miniconda 是最小的 Conda 安装环境，仅包含 Conda、Python、Pip、zlib 和一些其他常用的包。Pip 虽也是包管理工具，但它只能管理 Python 的包，而 Conda 则能够管理所有语言的包，还可以管理 Python 的环境。

Miniconda 的安装步骤如下：

（1）下载安装包。在 Conda 官网上，下载 Windows 操作系统 64 位、Python 3.10 版本对应的 Miniconda 安装包，如图 2-1 所示。

**Windows installers**

| | | | | Windows |
| Python version | Name | Size | SHA256 hash | |
| --- | --- | --- | --- | --- |
| Python 3.10 | Miniconda3 Windows 64-bit | 53.9 MiB | 307194e1f12bbeb52b083634e89cc67db4f7980bd542254b43d3309eaf7cb358 | |
| Python 3.9 | Miniconda3 Windows 64-bit | 53.7 MiB | 155958e7922d8b7aa6cb3115aeb66d2efcdae1237a6f1c11e23ca75ea96d291a | |
| Python 3.8 | Miniconda3 Windows 64-bit | 53.1 MiB | f567b46b2312af5e60ec8f45daf9be626295b7716651e6e7434c447feea9123a | |
| Python 3.9 | Miniconda3 Windows 32-bit | 67.8 MiB | 4fb64e6c9c28b88beab16994bfba4829110ea3145baa60bda5344174ab65d462 | |
| Python 3.8 | Miniconda3 Windows 32-bit | 66.8 MiB | 60cc5874b3cce9d80a38fb2b28df96d880e8e95d1b5848b15c20f1181e2807db | |

图 2-1　Miniconda 安装包下载界面

（2）安装 Miniconda。当下载完成后，打开 Miniconda 安装包，按照默认提示进行安装，建议不要安装在系统盘，还要注意目录命名时不可包含空格或中文，如图 2-2 所示。

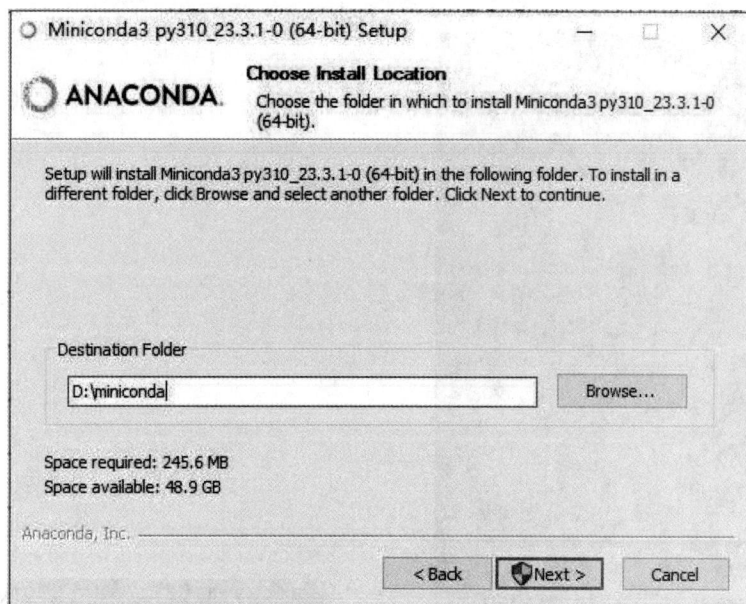

图 2-2　设置 Miniconda 的安装目录

（3）安装 Python。如果当前系统中未曾安装 Python，则可以在安装过程中勾选 Register Miniconda3 as the system Python 3.10 复选框，同时进行 Pyhton 的安装，如图 2-3 所示。

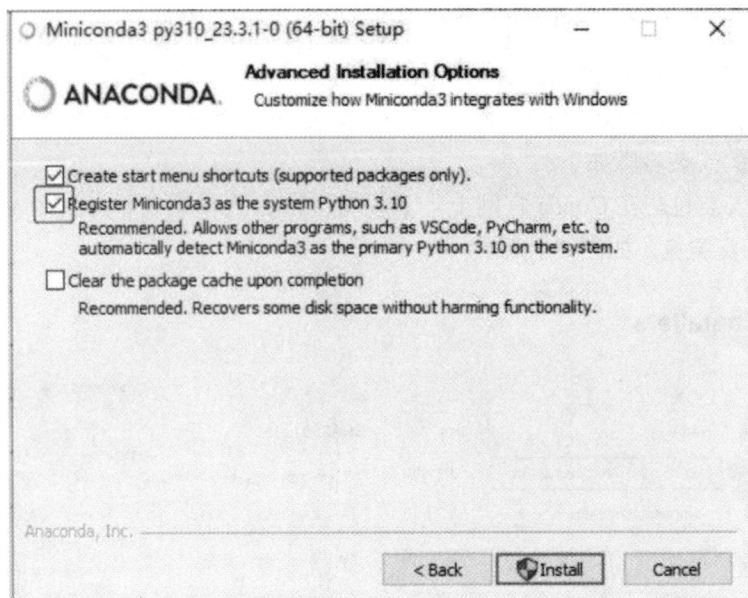

图 2-3　勾选 Register Miniconda3 as the system Python 3.10 复选框

（4）检验 Miniconda 是否安装成功。在 Windows 系统的启动菜单中，找到并打开 Anaconda Prompt(miniconda)选项，如图 2-4 所示。进入命令窗口，在当前用户目录下输入命令 conda --version，运行后如果输出 Conda 的版本号，则表示安装成功，如图 2-5 所示。此时，可以通过命令 conda list，查看 Miniconda 中所包含的包的信息列表，图 2-6 所示。

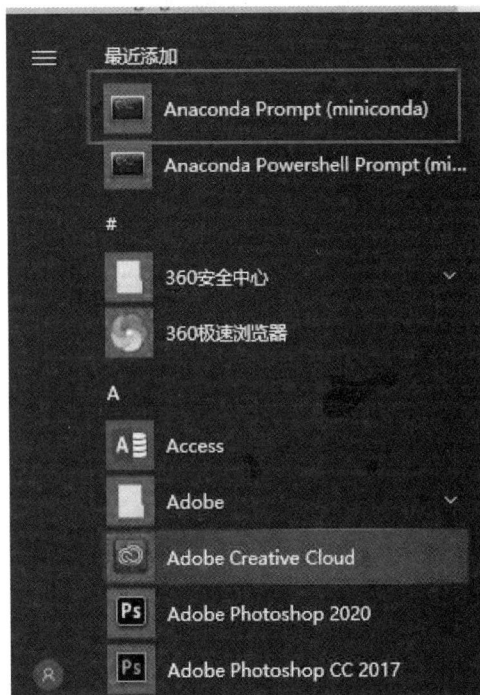

图 2-4　Windows 系统的启动菜单

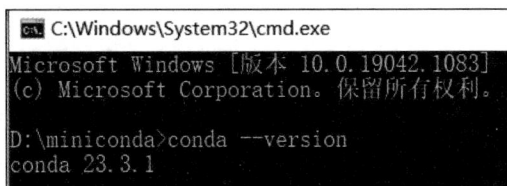

图 2-5　查看 Miniconda 的版本号

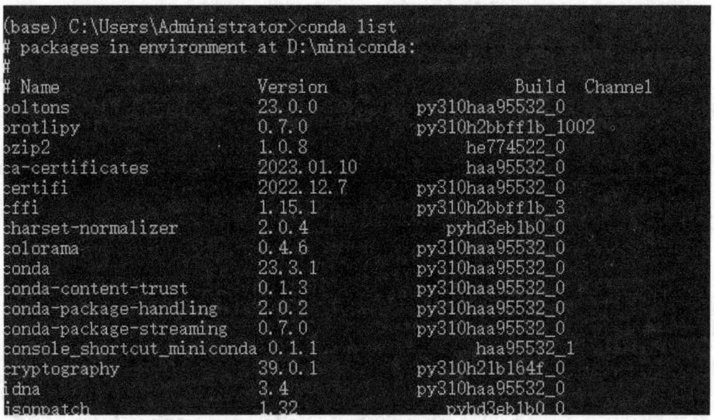

图 2-6　查看 Miniconda 所包含的包信息

## 2. 创建虚拟环境

在实际项目开发时，通常需要为当前项目创建独立的 Python 虚拟环境，便于开发者使用和管理当前项目所需要的 Python 包和库。

创建虚拟环境的步骤如下：

（1）创建新的虚拟环境 trainAI。通过命令窗口，输入以下命令：

```
conda create --name trainAI python=3.10
```

运行上述命令时，Conda 将会下载一系列的包，如图 2-7（a）所示，以创建名为 trainAI 的虚拟环境，并在该环境下使用 Python 3.10 版本，之后还将提示用户如何进入和退出该虚拟环境，如图 2-7（b）所示。

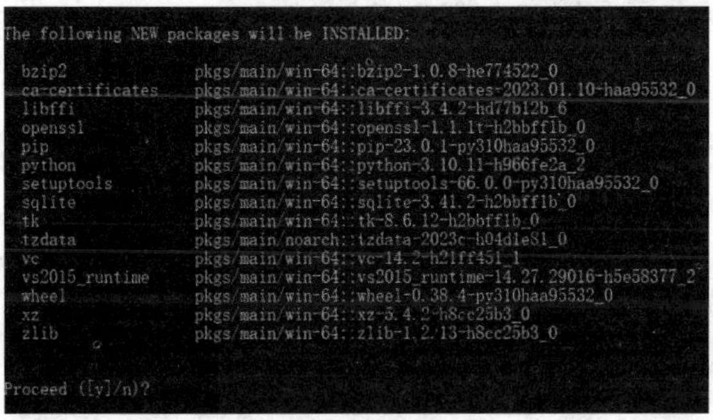

（a）虚拟环境创建过程 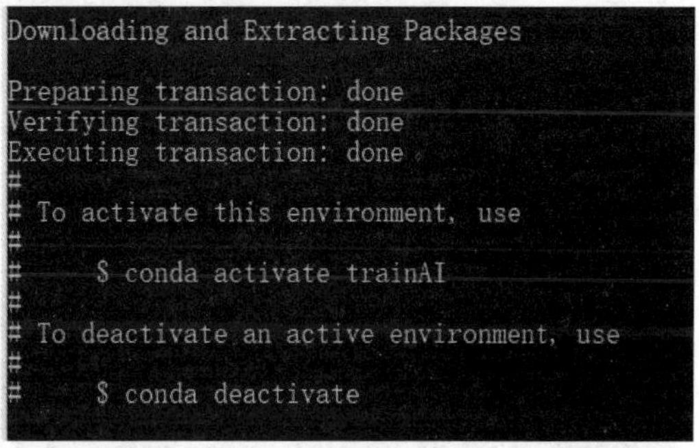　　　　　　　　　　　　（b）虚拟环境创建成功

图 2-7　创建新的虚拟环境 trainAI

（2）进入虚拟环境 trainAI。通过命令窗口，输入以下命令：

```
activate trainAI
```

运行完后上述命令，Conda 将进入虚拟环境 trainAI，如图 2-8 所示。

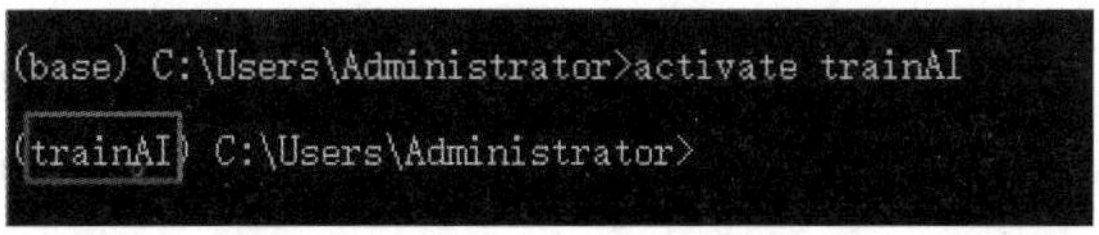

图 2-8　进入虚拟环境 trainAI

在当前虚拟环境下，使用 Conda、Pip 命令工具做一些操作，如下载、安装依赖包，查看已有资源，进入 Python 编程模式等。现在分别输入命令 conda list 和 pip list 来列出环境下所有已安装的包，如图 2-9 所示，发现两者所列出的信息是不一样的，原因是后者仅列出当前虚拟环境下所安装的包，而前者则在此基础上，还会列出关联虚拟环境下已安装的包，这意味着若当前虚拟环境下需要下载某个包，而关联虚拟环境下已安装了该包，则会直接关联，无须重复下载。

```
(trainAI) C:\Users\Administrator>conda list
# packages in environment at D:\miniconda\envs\trainAI:
#
# Name                    Version                   Build  Channel
bzip2                     1.0.8                h e774522_0
ca-certificates           2023.05.30           haa95532_0
libffi                    3.4.4                hd77b12b_0
openssl                   3.0.8                h2bbff1b_0
pip                       23.1.2          py310haa95532_0
python                    3.10.11              he1021f5_3
setuptools                67.8.0          py310haa95532_0
sqlite                    3.41.2               h2bbff1b_0
tk                        8.6.12               h2bbff1b_0
tzdata                    2023c                h04d1e81_0
vc                        14.2                 h21ff451_1
vs2015_runtime            14.27.29016          h5e58377_2
wheel                     0.38.4          py310haa95532_0
xz                        5.4.2                h8cc25b3_0
zlib                      1.2.13               h8cc25b3_0

(trainAI) C:\Users\Administrator>pip list
Package    Version
---------- -------
pip        23.1.2
setuptools 67.8.0
wheel      0.38.4
```

图 2-9　输入 conda list 和 pip list 列出环境下已安装的包

在当前虚拟环境下，可以通过运行命令 python 进入 Python 编程模式，利用 print 函数输出 hello, welcome to Python world，如图 2-10 所示。

```
(trainAI) C:\Users\Administrator>python
Python 3.10.11 | packaged by Anaconda, Inc. | (main, May 16 2023, 00:55:32) [MSC v.1916 64 bit (AMD64)] on win32
Type "help", "copyright", "credits" or "license" for more information.
>>> print("hello,welcome to Python world")
hello,welcome to Python world
>>> quit()

(trainAI) C:\Users\Administrator>
```

图 2-10　在虚拟环境下进入 Python 编程模式

（3）退出虚拟环境 trainAI。通过命令窗口，输入以下命令：

```
conda deactivate
```

运行完后上述命令，Conda 将退出 trainAI 虚拟环境。

3．安装 CPU 版本 PyTorch

在 PyTorch 官网首页上，会看到 PyTorch 的安装指引图，用户可选择安装方式和版本。假设计算机的配置不包含 GPU，可以选择 CPU 版本，并选用 Conda 方式进行安装，选择完成后会显示对应的 PyTorch 安装命令，如图 2-11 所示。

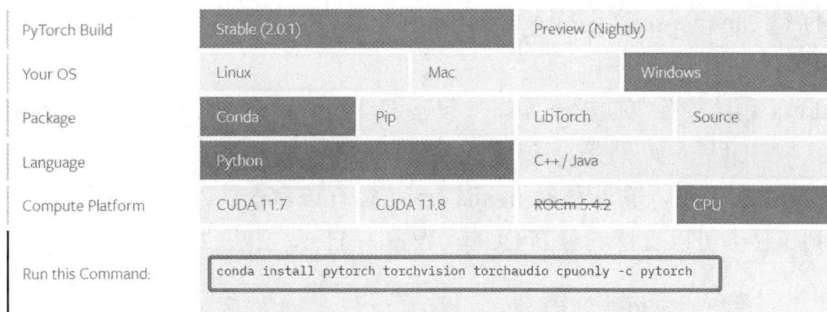

图 2-11　选择 CPU 版本 PyTorch 及安装方式

PyTorch 的安装步骤如下：

（1）创建并进入指定虚拟环境 trainAI。需要将 PyTorch 安装在虚拟环境下，输入以下命令进入 trainAI 虚拟环境：

activate trainAI

（2）检查虚拟环境 trainAI 是否已安装 PyTorch。在当前虚拟环境下，输入命令 pip list 显示所有已安装的包，如果其中没有包含 PyTorch，则进行下一步的安装操作。

（3）安装 PyTorch。在虚拟环境 trainAI 下，输入安装命令：

conda install PyTorch torchvision torchaudio cpuonly -c PyTorch

运行完上述命令后，会下载安装 PyTorch 框架的所有库，因网络状况的不同，安装过程的时长也会有所不同。

（4）检验 PyTorch 是否安装成功。在虚拟环境 trainAI 下，输入命令，进入 Python 编程模式，然后导入 Torch 库，如果显示 PyTorch 的版本信息，如图 2-12 所示，则表明 PyTorch 安装成功。

图 2-12　Python 编程模式下测试 CPU 版本 PyTorch 的安装是否成功

也可以通过 conda list 命令查看当前虚拟环境下是否存在 PyTorch 库，来判断安装是否成功。

4. 安装 GPU 版本 PyTorch

由于 GPU 具有比 CPU 更强的计算能力，可以有效缩短机器学习和深度学习模型训练的时间。因此，如果计算机配置的 GPU 内存有不少于 8GB 的显卡，最好选择安装 GPU 版本的 PyTorch。

GPU 版本 PyTorch 的安装步骤如下：

（1）查看当前计算机中显卡的 CUDA 版本。安装前需查看当前计算机显卡的出产厂商是否为 NVIDIA，以及显卡 CUDA 的版本号。所谓 CUDA（统一计算设备架构，Compute Unified Device Architecture）是指 NVIDIA 发明的一种并行计算平台和编程模型。它利用图形处理器（Graphic Processing Unit，GPU）的处理能力大幅提升计算性能。另外，还需要安装一个能查看显卡信息的工具 nvidia-smi（简称 NVSMI），它是 NVIDIA 显卡驱动附带工具，负责监控 GPU 的使用情况和更改 GPU 的状态。

从 Windows 系统的控制面板→系统→设备管理器→显示适配器，查看当前计算机显卡的品牌是否为 NVIDIA。如果是，接下来在命令窗口中，进入 C:\Program Files\NVIDIA Corporation\NVSMI 目录，输入命令 nvidia-smi，运行该命令后，窗口中列出了显卡的详细信息，可以看到该显卡可以支持的最高 CUDA 版本为 11.6，如图 2-13 所示。

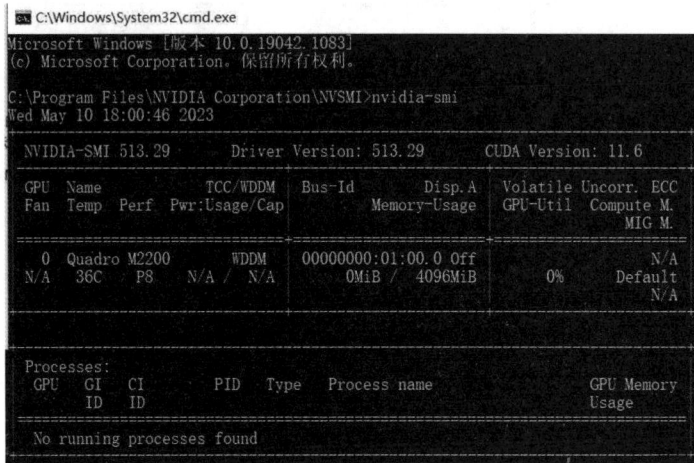

图 2-13　当前计算机的显卡详细信息

（2）获取 PyTorch 安装命令。在 PyTorch 官网首页的安装指引图上，选择 Conda 的安装方式、GPU 的安装版本，以及 CUDA 版本不高于 11.6，但从图 2-14 中可以看到，没有符合条件的版本。这种情况下，可通过链接 Previous versions of PyTorch 去选择较早期的、符合条件的版本，从历史版本列表中找到 PyTorch 1.13.1 所支持的 CUDA 11.6 版本，如图 2-15 所示，相应的安装命令为

conda install pytorch==1.13.1 torchvision==0.14.1 torchaudio==0.13.1 pytorch-cuda=11.6 -c pytorch -c nvidia

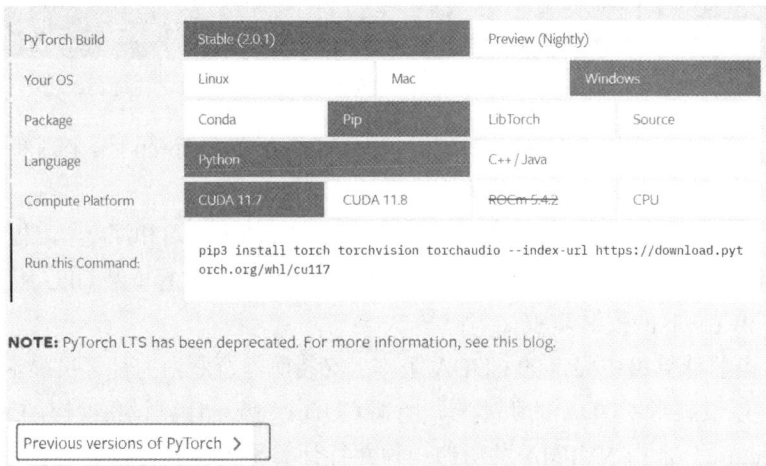

图 2-14　GPU 版本 PyTorch 安装指引图

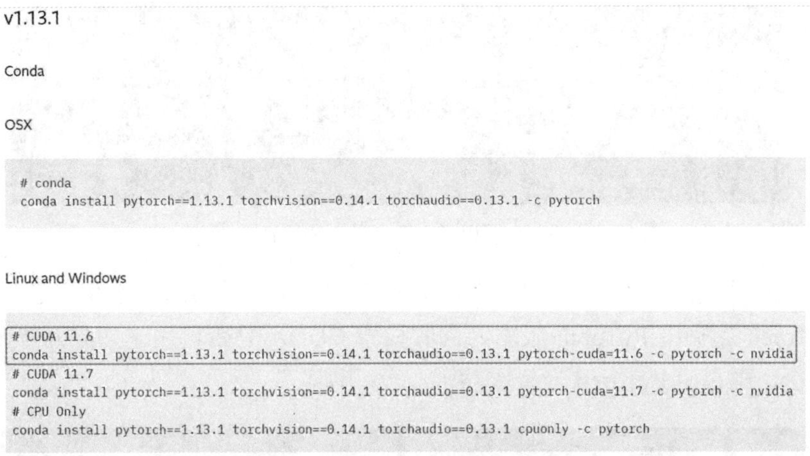

v1.13.1

Conda

OSX

```
# conda
conda install pytorch==1.13.1 torchvision==0.14.1 torchaudio==0.13.1 -c pytorch
```

Linux and Windows

```
# CUDA 11.6
conda install pytorch==1.13.1 torchvision==0.14.1 torchaudio==0.13.1 pytorch-cuda=11.6 -c pytorch -c nvidia
# CUDA 11.7
conda install pytorch==1.13.1 torchvision==0.14.1 torchaudio==0.13.1 pytorch-cuda=11.7 -c pytorch -c nvidia
# CPU Only
conda install pytorch==1.13.1 torchvision==0.14.1 torchaudio==0.13.1 cpuonly -c pytorch
```

图 2-15　PyTorch1.13.1 和 CUDA 11.6 的安装命令

（3）安装 PyTorch。进入虚拟环境 trainAI，在命令窗口中输入上述安装命令，如图 2-16 所示，运行命令开始安装，如图 2-17 所示，完成后将输出图 2-18 所示的信息。

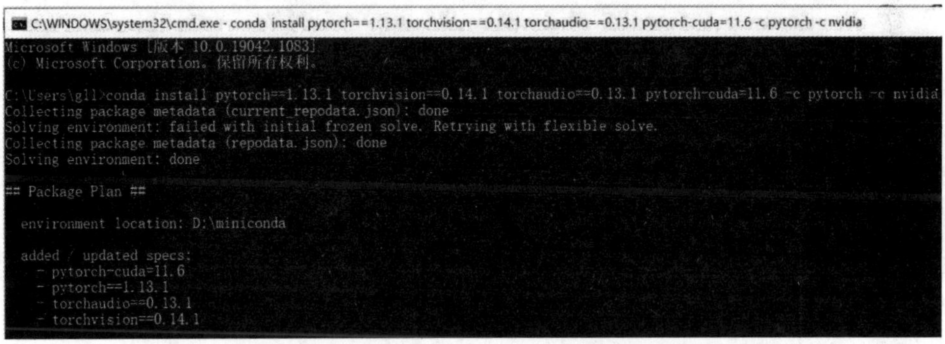

图 2-16　运行 GPU 版本 PyTorch 安装命令

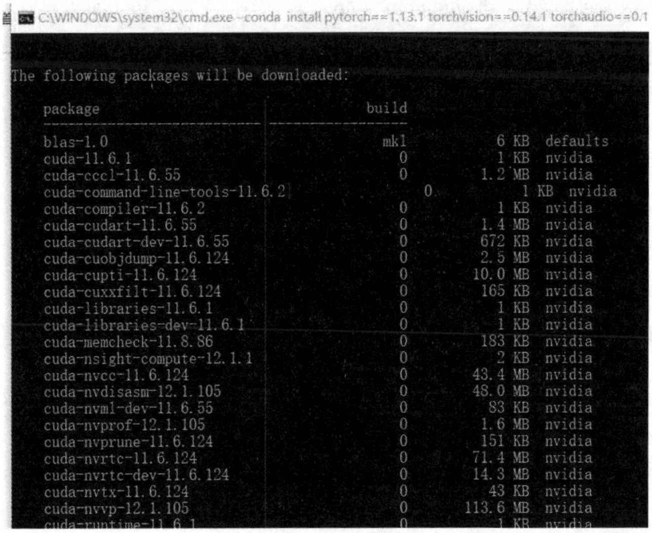

图 2-17　GPU 版本 PyTorch 安装过程

```
cuda-nvvp-12.1.105      | 113.6 MB  | ##########################################
nsight-compute-2023.    | 602.4 MB  | ##########################################
mkl-2023.1.0            | 155.6 MB  | ##########################################

Preparing transaction: done
Verifying transaction: done
Executing transaction: done
```

图 2-18　GPU 版本 PyTorch 安装完成

（4）检验安装是否成功。采用与 CPU 版本 PyTorch 测试相同的方法，进入 Python 编程模式，导入 Torch 库输出 PyTorch 版本，同时检查 CUDA 是否可用，如果两项测试均通过，如图 2-19 所示，则说明 PyTorch 安装成功了。

```
(trainAI) D:\miniconda>python
Python 3.10.10 | packaged by Anaconda, Inc. | (main, Mar 21 2023, 18:39:17) [MSC v.1916 64 bit (AMD64)] on win32
Type "help", "copyright", "credits" or "license" for more information.
>>> import torch
>>> print(torch.__version__)
1.13.1
>>> print(torch.cuda.is_available())
True
>>> quit()
```

图 2-19　Python 编程模式下测试 GPU 版本 PyTorch 安装是否成功

5. 安装常用库

在机器学习和深度学习应用中，数据处理常常会用到 NumPy、Pandas 和 Matplotlib 库。其中 NumPy 是一个开源的Python 库，提供了许多高效的数值计算和数据操作功能，包括多维数组操作、数值计算、文件操作等；Pandas 是一个基于 NumPy 的开源 Python 库，提供了许多方便的函数和方法，用于处理数据，包括数据清洗、数据处理、数据转换和数据分析等；Matplotlib 是一个开源的 Python 绘图库，提供了一系列 API 用于绘制多种图形，还提供了多样化的输出格式。

下面进入虚拟环境 trainAI 安装常用库。在命令窗口中，输入以下安装命令：

```
pip install pandas -i https://pypi.doubanio.com/simple          #安装 Pandas 库
pip install numpy -i https://pypi.doubanio.com/simple           #安装 NumPy 库
pip install matplotlib -i https://pypi.doubanio.com/simple      #安装 Matplotlib 库
```

其中-i https://pypi.doubanio.com/simple表示使用豆瓣资源网站，下载速度会很快。

6. 安装代码编辑器 Jupyter Notebook

Jupyter Notebook 是基于网页的、用于交互计算的应用程序。它可被应用于全过程计算：开发、文档编写、运行代码和展示结果，且允许程序代码逐行运行，非常便于调试。本书所有案例代码将采用该编辑器进行编写。

（1）安装和使用 Jupyter Notebook。进入虚拟环境 trainAI，在命令窗口中，输入以下安装命令：

```
pip install notebook -i https://pypi.doubanio.com/simple
```

（2）启动 Jupyter Notebook。创建项目开发目录 D:\PyTorch\bookCase，进入该目录，输入以下命令：

```
jupyter notebook
```

运行以上命令后，当看到图 2-20 所示的信息时，表示 Jupyter Notebook 启动完成。

图 2-20　Jupyter Notebook 启动成功的信息

（3）使用 Jupyter Notebook。打开图 2-20 下面框住的网址，就可以看到 Juptyer Notebook 的网页版编辑器主界面，如图 2-21 所示。

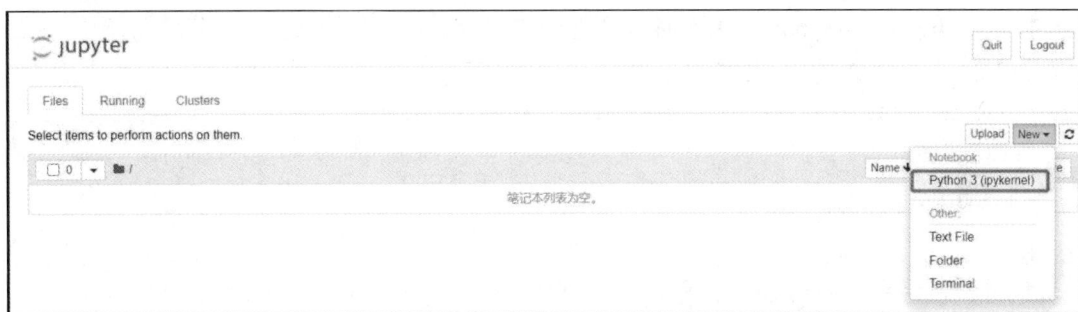

图 2-21　Jupyter Notebook 的网页版编辑器主界面

接着，单击图 2-21 框中的菜单项 Python 3（ipykemel），将创建一个新程序，并进入该程序的编辑界面，如图 2-22 所示，此时，就可以开始编写程序了。

图 2-22　新建的程序编辑界面

（4）安装 Nbextensions 插件。为了使网页版 Jupyter Notebook 具有智能提示功能，需要安装 Nbextensions 插件。Nbextensions 的安装步骤如下：

1）打开 Jupyter Notebook 网页版主界面，单击右侧下拉选项 Terminal，如图 2-23 所示，进入命令窗口。

2）在命令窗口中，输入以下命令：

```
pip install jupyter_contrib_nbextensions -i https://pypi.doubanio.com/simple
```

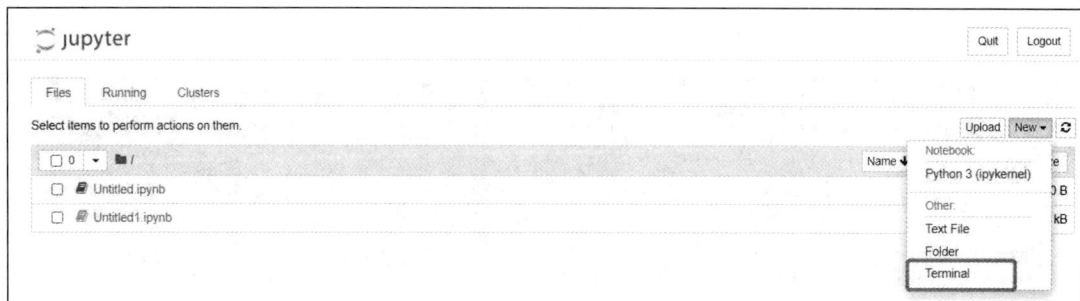

图 2-23　Terminal 下拉选项

3）在命令窗口中，输入以下命令，进行关联文件的安装：

jupyter contrib nbextension install --user

4）重启 Jupyter Notebook，主界面上出现 Nbextensions 菜单项，进入该菜单项对应的界面，勾选图 2-24 下面两个框中所指的复选框。

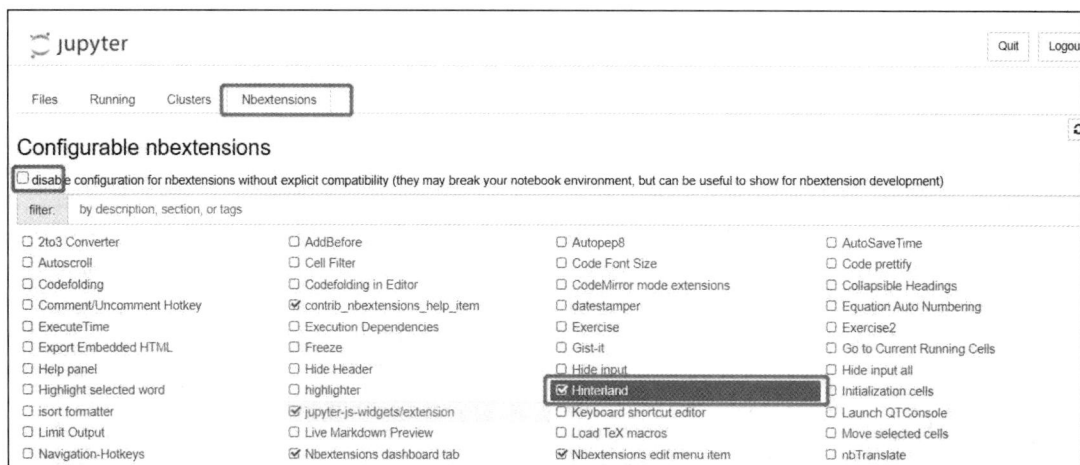

图 2-24　Nbextensions 菜单项界面

# 任务 2.2　Tensor 的应用

Tensor 的应用

## 【任务描述】

本任务要求创建一个形状为[4, 3]、类型为 IntTensor 的 Tensor 对象，并对该 Tensor 对象进行切片索引、改变形状、与全 1 的 Tensor 对象相乘的操作。

## 【实施思路】

（1）创建 Tensor 对象。

（2）实现切片索引等处理。

## 【任务实施】

### 1. 创建 Tensor

创建一个 Tensor 对象 t_data_1，代码如下：

```python
import numpy as np
import torch


n_array = np.array([[1,2,3],[4,5,6],[7,8,9],[10,11,12]])
t_data_1 = torch.from_numpy(n_array)
t_data_1
```

输出结果：

```
tensor([[ 1,  2,  3],                    #t_data_1
        [ 4,  5,  6],
        [ 7,  8,  9],
        [10, 11, 12]], dtype=torch.int32)
```

### 2. 获取 Tensor 的形状、维度和数据类型

针对 t_data_1 对象，获取其形状、维度和数据类型，代码如下：

```python
t_data_1.shape
t_data_1.dtype
```

输出结果：

```
torch.Size([4, 3])                    #形状为[4,3]，维度为 2
torch.IntTensor                       #数据类型为 IntTensor
```

### 3. 对 Tensor 进行切片索引

针对 t_data_1 对象，获取第 1 维度上的第 3 个数组，代码如下：

```python
t_data_1[2]
```

输出结果：

```
tensor([7, 8, 9], dtype=torch.int32)    #第 1 维度上的第 3 个数组
```

### 4. 对 Tensor 进行形状变换

针对 t_data_1 对象，将其形状改为[3,4]，代码如下：

```python
data = t_data_1.view(3,4)
```

输出结果：

```
tensor([[ 1,  2,  3,  4],               #形状改变后得到的 Tensor 对象
        [ 5,  6,  7,  8],
        [ 9, 10, 11, 12]], dtype=torch.int32)
```

### 5. 与全 1 的 Tensor 对象相乘

针对 t_data_1 对象，将其与一个全 1 的 Tensor 对象做相乘运算，代码如下：

```python
t_data_2 = torch.ones(4,3)            #创建全 1 的 Tensor 对象，类型为 float32
result = t_data_1.mul(t_data_2)       #t_data_1 和 t_data_2 相乘
```

输出结果：

```
tensor([[ 1.,   2.,   3.],              #t_data_1 和 t_data_2 相乘结果
        [ 4.,   5.,   6.],
        [ 7.,   8.,   9.],
        [10., 11., 12.]])
```

# 任务 2.3　Autograd 的应用

Autograd 的应用

## 【任务描述】

本任务要求利用 Autograd 实现 Tensor 对象导数的自动计算。

## 【实施思路】

（1）创建两个 Tensor 对象。
（2）对这两个 Tensor 对象进行求积和自动求导。

## 【任务实施】

1. 导入库

这里需要导入 Torch 库，代码如下：

```
import torch
```

2. 对两个 Tensor 对象求积并自动求导

创建两个 Tensor 对象，设置其 requires_grad 为 True，再使用 backward 函数对这两个 Tensor 对象之和进行自动求导，代码如下：

```
#创建 Tensor 对象 x 和 y，其数据类型为 float32，requires_grad 为 True
x = torch.tensor([[1,2,3],[4,5,6]], dtype = torch.float32, requires_grad = True)
y = torch.tensor([[7,8,9],[10,11,12]], dtype = torch.float32, requires_grad = True)

#计算 x 和 y 的积
xy_mul = x.mul(y)
#语句 1：调用 sum 函数将 xy_mul 转换为标量
z_sum = xy_mul.sum()
#调用 backward 函数对 x 和 y 计算梯度
z_sum.backward()

#输出 x 的梯度
print(x.grad)
#输出 x 的梯度
print(y.grad)
```

输出结果：

```
tensor([[ 7.,   8.,   9.],              #x 的梯度
```

```
        [10., 11., 12.]])
tensor([[1., 2., 3.],                              #y 的梯度
        [4., 5., 6.]])
```

代码说明：

● 语句 1 中 sum 函数的作用是对 Tensor 对象的所有元素求和，求和之后将 xy_mul 转换为标量，之所以要做转换，是因为 backward 函数只能处理标量。

● 在实际应用中，对于不需要自动求导的操作，可以利用 torch.no_grad 函数，使相应的代码段不参与自动求导。

例如：

```
#创建 Tensor 对象 s 和 t，其数据类型为 float3，requires_grad 为 True
s = torch.tensor([[3,2,1],[6,5,4]], dtype = torch.float32, requires_grad = True)
t = torch.ones(2,3, dtype = torch.float32, requires_grad = True)

#调用 torch.no_grad 函数，使其包裹的代码段不参与自动求导
with torch.no_grad():
    #计算 s 和 t 的和
    st_sum = s.add(t)
    #语句 2：调用 sum 函数将 st_sum 转换为标量
    z_sum = st_sum.sum()
    print(s.grad)
```

输出结果：

```
None             #None 表示 s 无梯度
```

上述 torch.no_grad 函数所包裹的代码段中，将不再对 s 和 t 进行自动求导。如果在语句 2 后面调用 backward 函数，则程序将会报错，如图 2-25 所示。

```
RuntimeError: element 0 of tensors does not require grad and does not have a grad_fn
```

图 2-25　调用 backward 函数的报错信息

# 项 目 小 结

1．Anaconda 是一个基于 Python 的数据科学平台，其本质是包管理器和环境管理器。该平台提供了大量的科学计算、数据分析和机器学习工具，包括Python 解释器、Conda 包管理器和环境管理器，以及丰富的第三方库（如 Jupyter 等），被广泛应用于数据科学和机器学习等领域。Miniconda 是 Anaconda 的简化版。

2．PyTorch 是在 Torch 基础上使用 Python 重新打造的深度学习框架，它提供两个核心功能：一是支持 GPU 加速的张量计算；二是方便优化网络的自动微分机制。它的先进设计理念主要体现在动态计算图、易用性和灵活性，以及强大的生态系统。

3．Tenso 是 PyTorch 最基础的数据结构，用于表示一个多维数组或矩阵。PyTorch 中所有针对数据集的操作都是基于 Tensor 的，它的通用表示形式为 $[T_1, T_2, T_3, ..., T_n]$，其中 T 可以

是指定类型的单个数字，也可以是一个数组或矩阵。Tensor 的基本属性包括维度、形状、数据类型和所在设备。

4．PyTorch 提供 Autograd 作为自动求导引擎，用于计算张量的梯度。

# 课 后 练 习

项目 2　课后练习答案

## 一、简答题

简述 PyTorch 的核心功能和设计理念。

## 二、实操题

1．安装 PyTorch 环境，包括 Miniconda、CPU 版本或 GPU 版本（推荐）。

2．参考任务 2.2，创建一个形状为[3, 2]、类型为 IntTensor 的 Tensor 对象，并对该 Tensor 对象进行切片索引、改变形状、操作。

# 项目3 基于机器学习逻辑回归实现分类预测

## 【项目导读】

机器学习可以解决许多问题，其中最常见的是回归问题和分类问题。在机器学习或深度学习的实际应用中，多数问题是能够被归纳为回归问题或分类问题，并选择相应的回归或分类算法去计算的。理解回归和分类的概念对于深度学习的知识学习和算法应用都非常重要。

本项目的要求是采用两种方式来构建逻辑回归网络，并进行数据分类预测。第一种方式是通过手动搭建网络，第二种方式则是利用 Sklearn 库的网络模型。通过这两种方式的对比，读者可以更好地理解网络的搭建和训练过程，并对 Torch 库的使用有一个初步体验。

## 【项目基础知识】

## 3.1 回归与分类

在机器学习中，预测问题通常被分为回归和分类两类，它们同属于监督学习所需要完成的任务。

回归问题是指给定输入变量（特征）和一个连续的输出变量（标签），建立一个函数来预测输出变量的值。也可以理解为，回归问题的目标是预测一个连续的输出值，如预测房屋价格、电商用户购买可能性、股票价格等。回归问题通常使用回归分析技术，如线性回归、多项式回归、决策树回归等。

分类问题是指给定输入变量（特征）和一个离散的输出变量（标签），建立一个函数来预测输出变量的类别。换言之，分类问题的目标是预测一个离散的输出值，如识别一张图片是猫或狗、预测用户贷款是否违约、预测一封电子邮件是垃圾邮件或正常邮件等。分类问题通常使用分类算法。

回归问题和分类问题的区别在于输出变量的类型，前者为连续的，后者为离散的。

## 3.2 回归分析

回归分析是来自统计学的一个概念，它是一种预测性的建模技术，主要研究自变量和因变量之间的关系。回归分析的目标是找到一条最佳拟合曲线，使该曲线到各数据点的距离之和最小。所谓拟合，是指所选择的理论模型与实际数据的一致性程度。回归分析常用于预测分析、时间序列模型及发现变量之间的因果关系。回归分析根据自变量和因变量之间的关系来预测因变量未来的发展趋势。回归分析将自变量作为输入，将因变量作为输出，当自变量发生变化时，因变量也随之发生变化，如果将这种关系记录下来就得到一个关系模型，这个关系模型就是回归分析的算法模型。当输入新的自变量时，该模型可以用来预测输出因变量的结果。将自变量和因变量的关系分为线性关系和非线性关系，因此，在机器学习中，将回归预测分为线性回归和非线性回归。其中，线性回归是最简单的回归模型。

### 3.2.1 线性回归

线性回归是使用线性模型模拟现有自变量和因变量的发展趋势，进而根据新输入的自变量预测出输出的因变量。所谓线性模型，就是模型中只通过加、减、乘、除等线性计算方法来计算出结果。如果模型中存在如平方、取对数等非线性计算，则该模型不是线性的。假设在二维坐标系中分布了一系列的数据点，如图 3-1 所示。

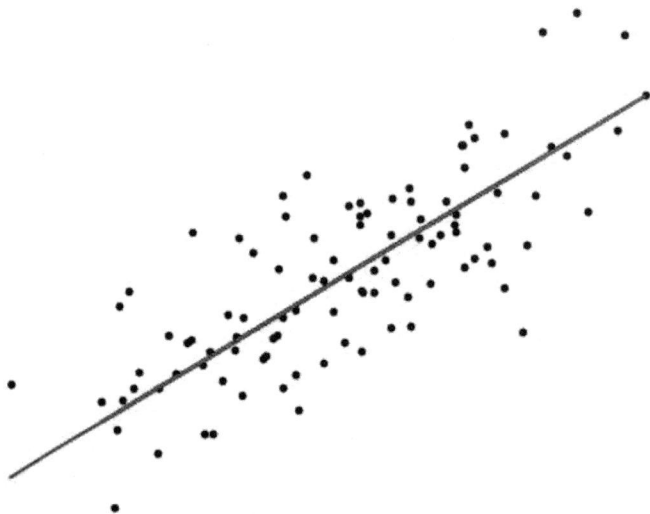

图 3-1　线性回归

需要根据现有数据点 $x$ 坐标值和 $y$ 坐标值的规律，找到一个模型来预测新数据点的位置。该模型能够根据新数据点的 $x$ 坐标值预测新数据点的 $y$ 坐标值。对于图 3-1 的数据点进行观察可以发现，这一组数据点的分布趋向于一条直线，而这条直线可以使用一个一元一次方程 $y = wx + b$ 来表示，这个方程就是要寻找的线性回归预测模型。其中 $x$ 是自变量，$y$ 是因变量，随着 $x$ 的增大，$y$ 整体上都有增大的趋势，虽然不是所有的点都能准确地落在这条直线上，但它们都围绕这条直线分布，整体分布趋势和直线走向一致。

现在要计算这个一元一次方程的系数 $w$ 和 $b$，完成模型的建立。模型的建立过程称为回归分析的过程，也称为回归模型的训练过程。当计算出 $w$ 和 $b$ 的值后，就可以根据给定数据点的 $x$ 坐标值，预测出 $y$ 坐标值。尽管 $y$ 坐标值不一定与真实值完全一致，但是它是基于已知数据点规律得出的最贴近真实值的结果，是对真实值的最佳逼近。在实际使用中，只要这种逼近的误差足够小，那么这个模型预测的值就具有很大的参考价值。

上述案例基于二维平面，线性回归模型 $y = wx + b$ 中的自变量只有一个，因此称为一元线性回归。如果线性回归模型中有多个自变量，则称为多元线性回归，例如前面提到的根据房子的位置、面积、朝向等预测房价，该预测模型就是一个多元线程回归模型，输入的自变量 $x$ 至少有 3 个，分别是位置、面积、朝向等，房价为输出的因变量 $y$。该预测模型的方程为 $y = w_1 x_1 + w_2 x_2 + w_3 x_3 + b$，其中 $x_1$ 表示位置、$x_2$ 表示面积、$x_3$ 表示朝向，三者相应的权重为 $w_1, w_2, w_3$。在真实计算时，可以将 $x_1, x_2, x_3$ 和 $w_1, w_2, w_3$ 看作两个向量。该模型又可以写成

$y = \boldsymbol{wx} + b$ 的形式，其中 $\boldsymbol{w}$ 为 1×3 维向量，值为 $\begin{bmatrix} w_1 \\ w_2 \\ w_3 \end{bmatrix}$，$\boldsymbol{x}$ 为 3×1 维向量，值为 $[x_1, x_2, x_3]$。接

下来只要计算出最优化的 $\boldsymbol{w}$ 和 $\boldsymbol{x}$ 向量值就可以得到房价回归预测模型了，如果有一套新的房子，只要将该房子的位置、面积、朝向分别以数字的形式输入上述房价回归预测模型，就可以预测出新房子的价格。

### 3.2.2 非线性回归

通过上面介绍的内容，对线性回归模型已经有了初步了解，知道线性模型就是指模型中只含有加、减、乘、除等线性计算方法，计算出的结果是线性的。下面介绍非线性回归模型。非线性回归模型内除可以包含线性计算方法外，还必须含有一些如平方、取对数等非线性计算方法，计算出的结果是非线性的。例如，在二维空间中，线性回归模型的拟合函数是一条直线，而非线性回归模型的拟合函数是一条曲线。

线性回归模型可以通过一些几何数学变换转换为非线性回归模型，其中常见的就是逻辑回归模型。逻辑回归模型的函数表达式如下：

$$y = f(x) = \frac{1}{1 + e^{-(wx+b)}}$$

在上述表达式中，如果将 $wx + b$ 改写成 $z$，则逻辑回归模型的函数表达式可转换为如卜形式：

$$y = f(x) = \frac{1}{1 + e^{-z}}$$

这就是 Sigmoid 函数的表达式，如图 3-2 所示。

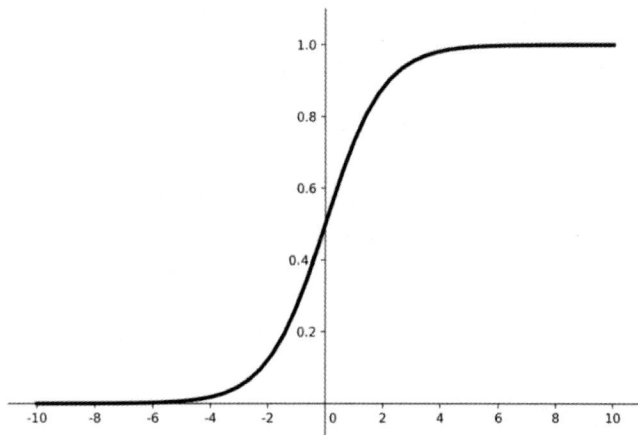

图 3-2  Sigmoid 函数

逻辑回归是对线性回归模型 $y = wx + b$ 利用非线性函数 Sigmoid 进行数学变换，生成一个非线性模型。该非线性模型将线性回归的结果全部映射到(0,1)区间，这些结果加起来的和为 1。如果 $wx + b$ 的值小于 0，则 Sigmoid 函数的值小于 0.5 并无限趋于 0；如果 $wx + b$ 的值大于 0，则 Sigmoid 函数的值大于 0.5 并无限趋于 1。0.5 就是 Sigmoid 函数的阈值，将 $wx + b$ 的所有输出值映射成两个数 0 和 1。这也是逻辑回归多用于二分类任务的原因。

# 3.3 分　类

分类是指利用算法模型根据数据自身的特性将其分为若干类别的过程，该算法模型被称为分类器。分类是机器学习中的常见问题，分类的算法有很多，如逻辑回归、决策树、贝叶斯和 K 近邻算法等。

在对新数据进行分类时，分类器就相当于是一个打标签的机器，把一个样本放进机器入口，在机器内部给新数据打上一个标签，并传送到机器出口。例如，当把一张猫的图片输入分类器模型时，在分类器输出的图片中就存在一个猫的标签；当把一张狗的图片输入分类器模型时，在分类器输出的图片中就存在一个狗的标签。当然首先这个打标签的机器内部要有猫和狗两个标签存在，也就是说，分类器模型要能够识别猫和狗，如果输入一张花的图片，该分类器就不能打标签了。如何使分类器模型能够识别特定的标签数据呢，这就需要训练，即事先给这个分类器输入大量带猫和狗标签的图片，训练完毕后分类器自然就能识别猫和狗了。

在前面介绍的逻辑回归模型中，输入自变量 $x$，经过逻辑回归模型转换后，所有输出值的和为 1，并以 0.5 作为阈值，输出值大于 0.5 时会被映射为 1，输出值小于 0.5 时会被映射为 0。这样就可以把所有计算结果大于 0.5 的数据分为一类，所有计算结果小于 0.5 的数据分为另一类。因此，可以用逻辑回归模型进行二分类任务。

除二分类问题外，分类场景中还存在多分类问题，即数据不是被分为两类，而是被分为两个以上类别，例如将数据分为猫、狗、鸟和鱼四类。这时 Sigmoid 函数就不能满足需求了，就需要用到一个新的函数，即用 Softmax 函数来替换 Sigmoid 函数。Softmax 函数实现了算法模型的多分类功能。Softmax 函数实现多分类任务的原理和 Sigmoid 函数类似，也是将输出映射到（0,1）区间，只要保证各个输出值的和为 1，数据按照输出值最大的一个类别进行分类即可。例如，最终计算出猫、狗、鸟和鱼的概率分别为 0.6、0.2、0.2、0.1，则数据被分类为猫。

假设要使用深度神经网络识别猫、狗、鸟和鱼的图片，深度神经网络的输入值是图像的像素点，假如图像的大小为 2 像素×2 像素，即图像的行和列都由 2 个像素值组成，类似于一个 2×2 维度的图像矩阵。图像颜色为灰度模式，2×2 维度的图像矩阵中填充的是大小为 0～255 的整数。下面创建全连接深度神经网络，由于图像大小为 2×2 共 4 个像素值，深度神经网络输入为向量 $\{x_1, x_2, x_3, x_4\}$，猫、狗、鸟和鱼的标签为 $\{y_1, y_2, y_3, y_4\}$，神经网络为 4 节点输入、4 节点输出的网络。

由于输入向量 $x$ 为 4 个维度，这里深度神经网络内部使用 4 元线性回归模型拟合，4 元线性回归模型的表达式如下：

$$y_1 = x_1 w_{11} + x_2 w_{21} + x_3 w_{31} + x_4 w_{41} + b_1$$
$$y_2 = x_2 w_{12} + x_2 w_{22} + x_3 w_{32} + x_4 w_{42} + b_2$$
$$y_3 = x_3 w_{13} + x_2 w_{23} + x_3 w_{33} + x_4 w_{43} + b_3$$
$$y_4 = x_4 w_{14} + x_2 w_{24} + x_3 w_{34} + x_4 w_{44} + b_4$$

上述表达式又可以写成如下矩阵形式：

$$\begin{bmatrix} y_1 \\ y_2 \\ y_3 \\ y_4 \end{bmatrix} = \begin{bmatrix} x_1 & x_2 & x_3 & x_4 \end{bmatrix} \begin{bmatrix} w_{11} & w_{12} & w_{13} & w_{14} \\ w_{21} & w_{22} & w_{23} & w_{24} \\ w_{31} & w_{32} & w_{33} & w_{34} \\ w_{41} & w_{42} & w_{43} & w_{44} \end{bmatrix} + \begin{bmatrix} b_1 \\ b_2 \\ b_3 \\ b_4 \end{bmatrix}$$

将最终的拟合结果输入 Softmax 函数，按照 Softmax 函数输出值最大的一个类别进行分类。

# 【项目实施】

# 任务　机器学习经典算法逻辑回归应用

机器学习经典算法
逻辑回归应用

## 【任务描述】

本任务要求使用机器学习经典算法即逻辑回归进行分类预测，并理解二分类问题的解决过程。

## 【实施思路】

（1）采用手动方式搭建网络，实现逻辑回归分类预测。

（2）利用 Sklearn 库提供的网络模型，实现逻辑回归分类预测。

## 【任务实施】

### 1. 手动搭建方式

（1）导入库。这里需要导入的库有 Matplotlib、NumPy 和 Torch，其中 Matplotlib 用于绘制图形，NumPy 用于处理数组，Torch 则是构建和训练网络必不可少的。其相应的代码如下：

```
import torch
import numpy as np
import matplotlib.pyplot as plt
```

（2）构建数据样本。利用 Torch 库的函数 ones、zeros 和 normal 函数创建 200 个样本，其中正数和负数各 100 个，每个样本均具有 2 个输入特征和 1 个输出特征，实现代码如下：

```
count = 100
#创建一个形状为[100，2]且初始值为 1 的张量
base_data = torch.ones(count, 2)
#创建 100 个具有指定均值和标准差的、负数样本数据，并且形状为[100, 2]
data1 = torch.normal(-3 * base_data)
```

```
#创建100个具有指定均值和标准差的、正数样本数据，并且形状为[100，2]
data2 = torch.normal(3 * base_data)
#创建100个初始值为0且形状为[100，1]的张量，作为输出类别为0的标签
label1 = torch.zeros(count, 1)
#创建100个初始值为1且形状为[100，1]的张量，作为输出类别为1的标签
label2 = torch.ones(count, 1)

#分别合并data1和data2，label1和label2
inputs = torch.cat((data1, data2), dim=0).type(torch.FloatTensor)
targets = torch.cat((label1, label2), dim=0).type(torch.FloatTensor)
#显示input和targets
input, targets
```

运行以上代码，输出input和targets中的样本，其中部分数据如图3-3所示。

```
(tensor([[-3.5227, -3.9129],          tensor([[0.],
         [-2.4350, -1.7881],                   [0.],
         [-2.3995, -1.7332],                   [0.],
         [-1.4907, -3.3359],                   [0.],
         [-3.9890, -4.5946],                   [0.],
         [-2.7929, -2.9812],                   [0.],
         [-3.1637, -3.0975],                   [0.],
         [-3.1188, -2.6200],                   [0.],
         [-2.6680, -2.8849],                   [0.],
         [-4.4229, -2.5647],                   [0.],
         [-3.0401, -3.3718],                   [0.],
         [-2.4957, -3.4749],                   [0.],
         [-3.5294, -1.6350],                   [0.],
         [-1.5343, -2.8525],                   [0.],
         [-3.7062, -3.7060],                   [0.],
```

图3-3　inputs和targets中的部分数据

运行结果分析：由图3-3可知，该数据集有2个输入特征，1个输出特征（1/0分类标签）。

代码说明：利用torch.ones和torch.normal函数分别构建了正数和负数的Tensor对象，并利用torch.cat函数将两者合并，组成200个样本的数据集；类似地，生成了对应的分类标签0和1。

（3）观察样本数据集。利用Matplotlib库提供的函数绘制原始数据的分布情况，代码如下：

```
#获取数据集样本的第1个输入特征
p_x = inputs.data.numpy()[:,0]
#获取数据集样本的第2个输入特征
p_y = inputs.data.numpy()[:,1]
#绘制数据
plt.figure(figsize=(10, 5))
plt.scatter(p_x, p_y, color='blue')
plt.legend(labels=['data'])
```

运行以上代码，输出结果如图3-4所示。

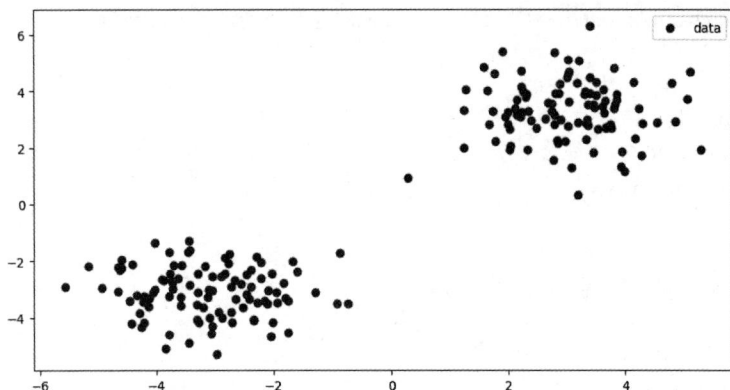

图 3-4　原始数据的分布情况

运行结果分析：由图 3-4 可以清晰地看到，正数样本分布于图的右上方，而负数样本则分布于图的左下方。

（4）划分训练集和测试集。将数据集划分为训练集和测试集，分别用于训练网络和验证网络，相应的代码如下：

```
#通过打乱顺序，使样本任意排列
idx = np.random.permutation(len(inputs))
inputs_1 = inputs[idx]
targets_1 = targets[idx]
#选取前 150 个样本作为训练集
x = inputs_1[:-50, :]
#选取后 50 个样本作为测试集
x_test = inputs_1[-50:, :]
#选取前 150 个标签作为训练集的标签
y = targets_1[:-50, :]
#选取后 50 个标签作为测试集的标签
y_test =targets_1[-50:, :]
```

（5）构建网络。先基于 $y = wx + b$ 结构来搭建线性网络，再利用 Sigmoid 函数对其进行数学变换，代码如下：

```
#创建形状为[1, 2]的全 1 矩阵
arr_1 = torch.ones(1, 2)
#设置 w 的初始值
w = torch.normal(arr_1 * -1.2)
w.requires_grad = True

#创建形状为[1, 1]的全 1 矩阵
arr_2 = torch.ones(1,1)
#设置 b 的初始值
b = torch.normal(arr_2 * -0.9)
b.requires_grad = True

#定义线性网络
def my_linear(x, w, b):
```

```
    linear = torch.mm(x, w.t()) + b    #xw+b，且.t()的意义就是将 Tensor 进行转置
    return linear

#定义 Sigmoid 函数
def my_sigmoid(x):
    x_1 = 1 / (1 + torch.exp(-x))
    return x_1

#定义 LgModel 函数，用于构建逻辑回归网络
def LgModel(x, w, b):
    x_1 = my_linear(x, w, b)
    y = my_sigmoid(x_1)
    return y
```

（6）对比模型的预测值和真实值。为了能够更加直观地了解预测值与真实值之间的差别，利用 Matplotlib 库提供的函数，通过图形方式查看模型预测数据和真实数据的分布情况，相应的代码如下：

```
train_preds_0 = LgModel(x, w, b)
#定义图形窗口，设置其宽和高为 10 和 5，单位为英寸
plt.figure(figsize=(10, 5))
#使用 plt.axis([a, b, c, d])设置 x 轴的范围为[a, b]，y 轴的范围为[c, d]
plt.axis([-6, 6, -6, 6])
#预测为正数类
pred_pos_0 = (train_preds_0 > 0.5).view(-1)
#预测为负数类
pred_neg_0 = (train_preds_0 <= 0.5).view(-1)
#为真实值绘制散点图，显示预测为正数类的样本
#x[pred_pos,0]中的参数 0 表示第 1 个输入特征
plt.scatter(x[pred_pos_0, 0], x[pred_pos_0, 1], color='red')
#显示预测为负数类的样本
plt.scatter(x[pred_neg_0, 0], x[pred_neg_0, 1], color='Aqua')
#显示图形时，显示图例名称
plt.legend(labels=['init train classify '])
```

运行上述代码，输出结果如图 3-5 所示。

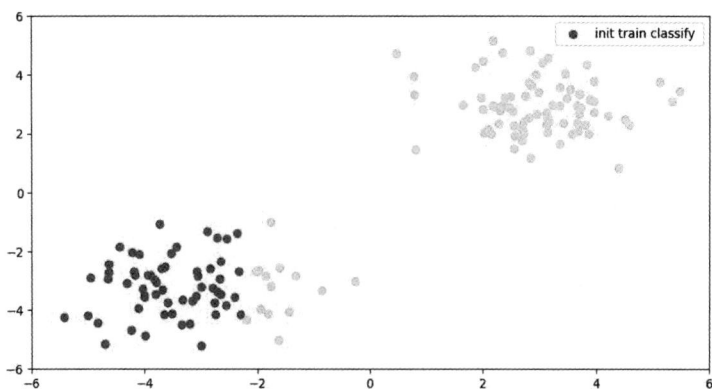

图 3-5　线性预测值和真实值的图形

运行结果分析：图 3-5 中，右上方的浅色点表示所有正数分布，左下方的深色点表示部分负数分布，还有一部分浅色点，显然是被误判为正数类别，是较明显的分类错误。这说明直接定义 $w$ 和 $b$，构建逻辑回归模型进行分类预测，与真实类别有较大的差异，因此，需要对模型进行训练才有可能得到较好的预测结果。

（7）构建损失函数。这里采用二值交叉熵误差作为损失函数，代码如下：

```
#定义损失函数（二值交叉熵误差）
def my_loss(pred_y, actu_y):
#语句 1
    loss = - torch.mean(torch.log(pred_y) * actu_y + torch.log(1 - pred_y) * (1 - actu_y))
    return loss
```

代码说明：

- 语句 1 的作用是计算二值交叉熵误差，其中 torch.log 函数用于计算对数，torch.mean 函数用于求误差的均值。
- torch.log 函数的参数有 1 个：input，input 的类型为 Tensor，该函数用于计算 input 对数值，返回 Tensor 类型的结果。

例如：

```
x = torch.randn(1, 2)        #创建一个形状为[1, 2]的 Tensor 对象
torch.log(x)                 #计算对数
```

输出结果：

```
tensor([-0.5548, -1.2045])
```

torch.mean 函数包含 1 个参数：input，input 的类型为 Tensor，该函数用于计算 input 中所有元素的均值。

例如：

```
x = torch.tensor([1.,2.,3.])
torch.mean(x)
```

输出结果：

```
tensor(2.)                   #元素 1.、2.、3.之和的均值
```

（8）训练网络。训练网络通过不断重复步骤：网络预测→计算损失→计算梯度确定参数的调整方向和幅度→更新网络参数，逐步减小网络预测值和真实值之间的平均误差，最终得到一个具有最优拟合效果的模型。训练网络的代码如下：

```
#设置学习率，以控制参数变化的幅度
learning_rate = 0.5
#在数据集上循环多次训练网络
for i in range(100):
    #利用网络进行预测
    pred_y = model(x, w, b)
    #计算损失
    ls = loss(pred_y, target_y)
    #计算梯度：对 w、b 求偏导
    dw, db = torch.autograd.grad(ls, [w, b])
```

```
#更新网络的参数
w = torch.sub(w, dw, alpha = learning_rate)
b = torch.sub(b, db, alpha = learning_rate)

if (i + 1) % 5 == 0:
    #输出该批次的损失函数、w 和 b 值
    print(f'Epoch {i + 1}, Loss {loss(model(x, w, b), target_y).item():.4f}', 'w', w.data.numpy()[:, :], 'b',
    b.data.numpy()[:, 0])
```

运行上述代码，输出结果如图 3-6 所示。

```
Epoch  5,  Loss 0.0687 w [[-0.48329687  2.1971326 ]] b [-0.0400179]
Epoch 10,  Loss 0.0301 w [[-0.26358432  2.2899513 ]] b [-0.02697613]
Epoch 15,  Loss 0.0192 w [[-0.13762257  2.3416657 ]] b [-0.01872224]
Epoch 20,  Loss 0.0142 w [[-0.0492174   2.3777444]] b [-0.01269085]
Epoch 25,  Loss 0.0113 w [[0.01889232  2.405552 ]] b [-0.00793887]
Epoch 30,  Loss 0.0093 w [[0.07428908  2.4282331 ]] b [-0.00401585]
Epoch 35,  Loss 0.0080 w [[0.12097631  2.4474232 ]] b [-0.00067249]
Epoch 40,  Loss 0.0070 w [[0.1613246   2.4640803]] b [0.00224325]
Epoch 45,  Loss 0.0062 w [[0.19685312  2.4788144 ]] b [0.00483074]
Epoch 50,  Loss 0.0056 w [[0.22859357  2.4920378 ]] b [0.00715843]
Epoch 55,  Loss 0.0051 w [[0.25727856  2.5040424 ]] b [0.00927542]
Epoch 60,  Loss 0.0047 w [[0.28344688  2.5150423 ]] b [0.01121811]
Epoch 65,  Loss 0.0044 w [[0.30750638  2.5252001 ]] b [0.01301422]
Epoch 70,  Loss 0.0041 w [[0.3297732   2.5346408]] b [0.01468533]
Epoch 75,  Loss 0.0038 w [[0.35049725  2.5434635 ]] b [0.01624859]
Epoch 80,  Loss 0.0036 w [[0.36987963  2.551748 ]] b [0.01771782]
Epoch 85,  Loss 0.0034 w [[0.38808447  2.5595596 ]] b [0.01910435]
Epoch 90,  Loss 0.0032 w [[0.4052475   2.566952 ]] b [0.02041757]
Epoch 95,  Loss 0.0030 w [[0.4214822   2.57397  ]] b [0.02166533]
Epoch 100, Loss 0.0029 w [[0.43688446  2.5806522 ]] b [0.0228543]
```

图 3-6　训练过程中部分批次的损失函数、w 值和 b 值

运行结果分析：由图 3-6 可知，损失函数由最初的 0.0687 逐步减小，直到 0.0029，这表示最终拟合效果是比较好的。

（9）评估模型。利用 Matplotlib 库提供的函数，通过图形的方式，在测试集上来查看训练后的预测数据与真实数据的分布情况，相应的代码如下：

```
#利用训练好的模型对测试集进行预测
test_preds = LgModel(x_test, w, b)
#预测为正数类
pred_pos_2 = (test_preds > 0.5).view(-1)
#预测为负数类
pred_neg_2 = (test_preds <= 0.5).view(-1)
#显示预测为正数类的样本，inputs[pred_pos,0] 中的参数 0 表示第 1 个输入特征
plt.scatter(x_test[pred_pos_2, 0], x_test[pred_pos_2, 1], color='red')
#显示预测为负数类的样本
plt.scatter(x_test[pred_neg_2, 0], x_test[pred_neg_2, 1], color='blue')
plt.legend(labels=['test classify'])
```

运行上述代码，输出结果如图 3-7 所示。

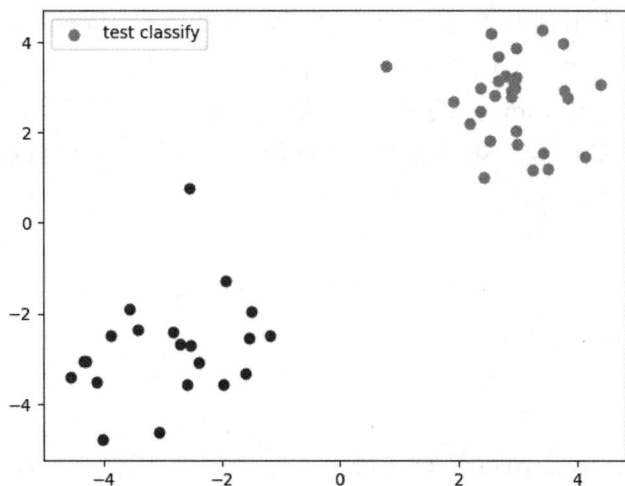

图 3-7　训练后模型对数据的分类预测情况

运行结果分析：由图 3-7 可知，在测试集上，模型预测数据分类与真实数据几乎完全一致，这与最后一次输出的损失函数值是吻合的。

2. 利用 Sklearn 库提供的网络模型

Sklearn 库是一个用于机器学习的 Python 库，提供了各种用于分类、回归、聚类和降维等任务的工具和算法。这里将利用其中的逻辑回归（Logistic Regression）算法，来对 $y = wx + b$ 线性网络的搭建及其 Sigmoid 函数数学变换的实现进行重构。

（1）导入库。除手动搭建网络所需的库以外，还需要 Sklearn 库内置的网络模型 LogisticRegression 和 Torch 库的 nn 模块，代码如下：

```
import pandas as pd
import torch
from torch import nn
from sklearn.linear_model import LogisticRegression        #导入 Sklearn 库内置的 LogisticRegression
import matplotlib.pyplot as plt
```

（2）构建数据样本。数据样本的构建与手动搭建方式相同，相应的生成代码不再重复列出。

（3）构建网络。利用 LogisticRegression 构建逻辑回归网络，代码如下：

```
#引入 train_test_split 函数，用于划分数据集
from sklearn.model_selection import train_test_split
#语句 1：拆分训练集和测试集
x, x_test, y, y_test = train_test_split(inputs, targets.ravel(), test_size=0.3, random_state=1)
#语句 2：创建逻辑回归网络
model = LogisticRegression()
```

代码说明：

● 上述代码段中，语句 1 用于拆分训练集（x、y）和测试集（x_test、y_test），其中 Sklearn 库内置的 train_test_split 函数可以自动按照比例划分训练集和测试集，函数的参数 1 为所要划分的样本特征集，参数 2 为所要划分的样本标签，参数 3 为测试集样本占比（小数值）或样本数量（整数值），参数 4 为随机数的种子，当参数设置为 1 时，可

保证重复实验时能够得到一组相同的随机数。另外，targets.ravel 函数的作用是将 targets 转换为一维向量，以符合函数对参数 2 的要求。

● 语句 2 是利用 Sklearn 库内置的 LogisticRegression 函数构建逻辑回归网络。

（4）训练网络。通过调用 Sklearn 中的库 fit 函数，针对 x、y 数据进行网络训练，训练完成后自动保存结果，代码如下：

```
model.fit(x, target_y)
```

（5）验证模型。使用测试集来验证逻辑回归模型，代码如下：

```
model.score(x_test, target_y_test)
```

输出结果：

```
1.0
```

代码说明：model.score 函数用来返回数据与回归线的贴近程度，结果越接近 1 表示模型的拟合度越好。

（6）评估模型。利用 Matplotlib 库提供的函数。绘制训练集和测试集上模型预测结果分布情况，代码如下：

```
#利用训练好的模型，对测试集进行预测
test_preds = model.predict(x_test)
#预测为正数类
pred_pos = (test_preds > 0.5)
#预测为负数类
pred_neg = (test_preds <= 0.5)
#显示预测为正数类的样本，inputs[pred_pos, 0]中的参数 0 表示第 1 个输入特征
plt.scatter(x_test[pred_pos,0], x_test[pred_pos,1], color='red', label='positive class')
#显示预测为负数类的样本
plt.scatter(x_test[pred_neg,0], x_test[pred_neg,1], color='blue', label='negative class')
plt.legend()
```

运行上述代码，输出结果如图 3-8 所示。

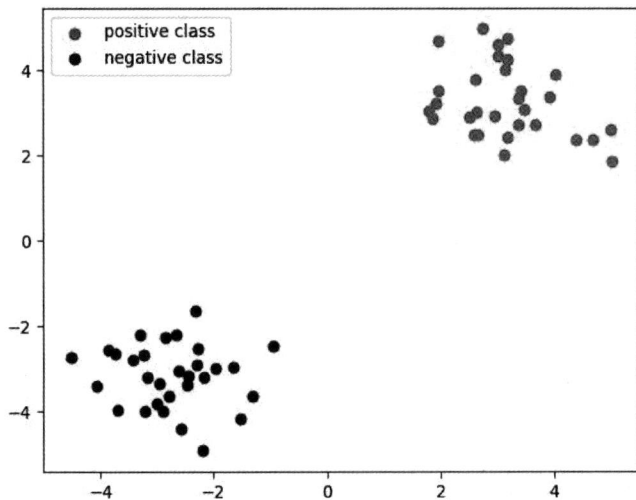

图 3-8　训练后的模型预测数据和真实数据的分布情况

运行结果分析：由图 3-8 可知，在测试集上，模型预测数据与真实数据的分布情况一致，从可视化结果可知，与手动搭建模型的预测效果也是相同的。

（7）模型应用。我们可以自定义一个新的数据集作为输入，使用模型预测分类结果，代码如下：

```
#定义一个输入数据集，包含负数和正数各 1 个
apply_data = [[-0.5, -3.2], [1.2, 5.9]]
#预测分类
pred = model.predict(apply_data)
pred
```

输出结果：

```
array([0., 1.], dtype=float32)        #预测两个样本的类别分别为 0 和 1
```

# 项 目 小 结

1．在机器学习中，预测问题通常被分为回归和分类两类，它们同属于监督学习所需要完成的任务。回归问题是指给定输入变量（特征）和一个连续的输出变量（标签），建立一个函数来预测输出变量的值。分类问题是指给定输入变量（特征）和一个离散的输出变量（标签），建立一个函数来预测输出变量的类别。回归问题和分类问题的区别在于输出变量的类型，前者为连续的，后者为离散的。

2．回归分析根据自变量和因变量之间的关系，来预测因变量未来的发展趋势。回归预测分为线性回归和非线性回归。

3．分类是指利用算法模型根据数据自身的特性将其分为若干类别的过程，该算法模型被称为分类器。

# 课 后 练 习

项目 3　课后练习答案

## 一、简答题

简述回归和分类各自的含义，以及两者的区别。

## 二、实操题

利用 Sklearn 库的网络模型，实现逻辑回归网络的搭建和训练。

# 项目4　基于神经网络实现房价预测

## 【项目导读】

深度学习通过构建和训练人工神经网络，解决了各个领域中的复杂问题。要学习深度学习必须先了解什么是人工神经网络，它的工作原理是怎样的；其次，需要了解深度学习的工作流程，以及相关的基本概念，如数据预处理方法等。

本项目的要求是针对美国加利福尼亚州（以下简称加州）房价历史数据进行分析，根据得到的一系列特征来预测加州任意地区房价的中位数，为用户投资房产提供判断依据。

本项目将使用 Sklearn 库所提供的加州房价数据集。该数据集中提供了房子的特征（位置、房间数、房龄等），以及预测目标（房价）。显而易见，它属于监督学习，而且房价可以有任意多个可能的值。因此，它是一个监督学习中的回归任务，本项目将采用 Torch 库的线性回归模型来解决该问题。读者还可以将它与前面项目 3 中 Sklearn 库的线性回归模型进行比较，以理解深度学习算法和传统机器学习算法的不同之处。本项目将通过以下 3 个任务完成：

（1）数据准备。

（2）神经网络的搭建与训练配置。

（3）神经网络训练和模型评估。

## 【项目基础知识】

## 4.1　基础的神经网络结构

本节将介绍人工神经网络的相关概念，以及单层感知机和多层感知机的结构组成。

### 4.1.1　人工神经元

人工神经元是人工神经网络（简称神经网络）的基本单元，其结构如图 4-1 所示。

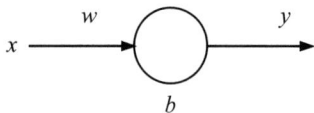

图 4-1　人工神经元的结构

图 4-1 中，$x$ 代表输入，$w$ 和 $b$ 代表参数，圆形节点为一个人工神经元，代表某种运算，$y$ 代表输出。人工神经元的工作流程就是输入 $x$ 经过 $w$ 参数的加权生成变量 $xw$，再把 $xw$ 输入人工神经元进行运算处理后输出结果 $y$。

由此可知，人工神经元的总体结构包含两部分模型，第一部分是线性模型，可以理解为一个包含加、减、乘、除的线性函数；第二部分是非线性模型，将第一部分线性模型的结果输入一个特定的函数得到一个非线性模型，这个特定的函数称为激活函数，其一般为非线性函数，如 Sigmoid 函数。

图 4-1 是单输入的神经元，该神经元也能扩展为多个输入，如图 4-2 所示。

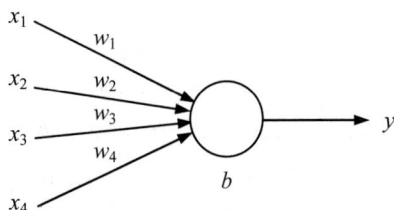

图 4-2  多输入的人工神经元的结构

图 4-2 中，神经元的输出函数为 $f = wx + b$，其中 $x$ 是一个 $1 \times n$ 的向量，$w$ 是 $n \times 1$ 的权重矩阵，$b$ 是偏置项。例如，需要通过学生的 A、B 和 C 三门课程的成绩判断该学生是否优秀。那么输入 $x$ 就是一个 $1 \times 3$ 维的向量，假设 $x$ 内部课程的数据为（80，85，90），$x$ 向量中有 3 个元素，代表 3 个输入特征，分别是 A、B 和 C 三门课程的成绩。不同的学生有不同的输入 $x$。$w$ 就是一个 $3 \times 1$ 维度的矩阵，表示 A、B 和 C 三门课程的成绩权重，意味着每门课程的重要程度。假设 $w$ 为

$$\begin{bmatrix} 0.3 \\ 0.5 \\ 0.2 \end{bmatrix}$$

$b$ 是偏置项，通常是一个常数，这里假设 $b$ 为 0，则函数 $f$ 的值为

$$f = 80 \times 0.3 + 85 \times 0.5 + 90 \times 0.2 = 84.5$$

84.5 能否用来判断该学生优秀呢，此时就需要利用激活函数进行处理。激活函数会将 84.5 映射为某个数值，如果该值超过限定的阈值，例如阈值为 83，那么该学生就是优秀的，输出 $y$ 为 1，否则 $y$ 为 0。至此，就利用多输入的人工神经元完成了一个二分类任务。

### 4.1.2  单层感知机

前面所学习的多输入的人工神经元，其实就是一个最简单的神经网络——单层感知机模型，如图 4-3 所示。

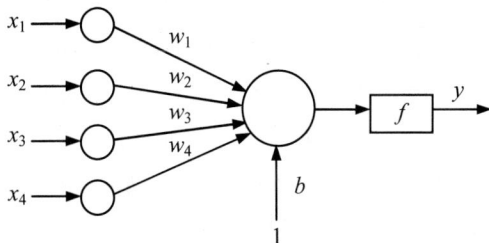

图 4-3  单层感知机模型

图 4-3 中，$x_1,...,x_n$ 为单层感知机的输入，$w_1,...,w_n$ 为每个输入各自占有的权重。可以将单层感知机看作输入层和输出层两层神经元，输入层的神经元数量由输入数据的维度决定，输出层的神经元数量由具体问题决定。输入数据经过线性模型 $wx+b$ 计算后再利用非线性激活函数 $f$ 转化为非线性结果 $y$ 并输出。

### 4.1.3 多层感知机

如果将多个单层感知机首尾相接组合在一起，就构成了一个结构类似于网络的计算模型，这个计算模型就是多层感知机。多层感知机是最重要的神经网络模型，它是由多个单层感知机首尾相接组成的。多层感知机就相当于在一个单层感知机的输入层和输出层中间加入了一些额外的层。每个额外层由多个单层感知机组成，会将输入数据先经过线性模型 $wx+b$ 得到结果，再利用激活函数 $f$ 对结果进行非线性转换。这些额外层不会暴露在网络外部，所以它们一般被称为隐藏层，如图 4-4 所示。

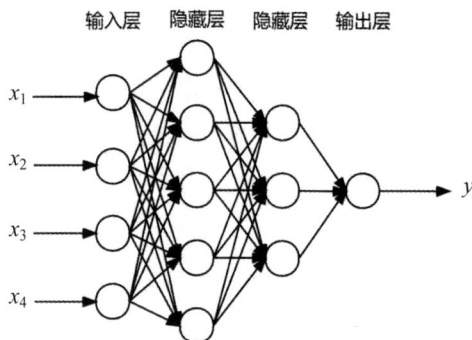

图 4-4　多层感知机模型

在多层感知机中，隐藏层的层数和各隐藏层中神经元的个数是可以人为调整的，又称超参数。隐藏层的层数越多，神经元的个数越多，神经网络的结构就越复杂。在深度学习过程中，隐藏层的层数和神经元的个数往往可达上百个，如何设置最优化的隐藏层的层数和隐藏层神经元的个数需根据实际情况而定。多层感知机隐藏层中的神经元和输入层中的各个输入完全连接，输出层中的神经元又和隐藏层中的神经元完全连接。因此，多层感知机的隐藏层和输出层都是全连接的，又称全连接神经网络。全连接神经网络要求隐藏层中的神经元和输入层中的各个输入完全连接，同时输出层中的神经元与隐藏层中的各个神经元也完全连接。

在全连接神经网络中，数据从输入层经一个或多个隐藏层处理达到输出层，每个神经元都先执行 $wx+b$ 的线性计算，再通过激活函数 $f$ 的映射线性计算结果并输出给下一层级神经元作为输入。由于各层神经元采用全连接方式，所以下一层神经元将所有上一层神经元的输出作为输入进行加和计算。在计算神经网络总层数的时候，输入层往往不参与计算，这是因为整个网络中除输入层外，每个神经元都连接了前一层的全部神经元，都具有计算能力，唯独输入层没有计算能力。因此，神经网络的总层数是隐藏层层数加输出层层数之和。那么总层数达到多少才能被称为深度神经网络？这一问题目前尚无统一的学术定义。一般来说，只要隐藏层超过 1 层的神经网络就可以称为深度神经网络。

## 4.2　深度学习的工作流程

深度学习通常使用深度神经网络构建模型，具有模型网络复杂、数据量大等特点。深度学习的工作流程为数据加载、数据预处理、构建神经网络、训练配置、训练网络、模型评估，以及模型保存与调用。通过对深度学习的工作流程及相关概念的介绍，可以理解其中各环节的工作内容和要求。

### 4.2.1　数据加载

训练深度神经网络需要大量数据，因此第一步就是要加载大量的数据，加载的数据除来自自带的数据集外，还可以加载一些外部的文件数据集，如 CSV 文件数据、TFRecord 文件数据等。

1. 自带的数据集

深度学习框架有很多，一般每个框架都会自带一些常用的数据集以便进行模型训练和测试，常用的数据集主要有以下几个。

（1）Boston Housing。Boston Housing 是波士顿房价趋势数据集，用于回归训练与测试。该数据集包含美国人口调查局收集的美国马萨诸塞州波士顿住房价格的有关信息。数据集中包含 506 个样本数据，每条样本数包含 13 个与房价有关的特征。Boston Housing 数据集示例如图 4-5 所示。

| | A | B | C | D | E | F | G | H | I | J | K | L | M | N |
|---|---|---|---|---|---|---|---|---|---|---|---|---|---|---|
| | CRIM: 城镇人均犯罪率 | ZN: 住宅用地超过25000英尺的比例 | INDUS: 城镇非零售商用土地的比例 | CHAS: 查理斯河虚拟变量（如果边界是河流，则为1；否则为0） | NOX: 一氧化氮浓度 | RM: 住宅平均房间数 | AGE: 1940年之前建成的自用房屋比例 | DIS: 到波士顿五个中心区域的加权距离 | RAD: 辐射性公路的接近指数 | TAX: 每10000美元的全值财产税率 | PTRATIO: 城镇师生比例 | B: 1000(Bk-0.63)^2, 其中Bk指代城镇中其他民族的比例 | LSTAT: 人口中地位低下者的比例 | MEDV: 自住房的平均房价（中位数），以千美元计 |
| | 0.00632 | 18 | 2.31 | 0 | 0.538 | 6.575 | 65.2 | 4.09 | 1 | 296 | 15.3 | 396.9 | 4.98 | 24 |
| | 0.02731 | 0 | 7.07 | 0 | 0.469 | 6.421 | 78.9 | 4.9671 | 2 | 242 | 17.8 | 396.9 | 9.14 | 21.6 |
| | 0.02729 | 0 | 7.07 | 0 | 0.469 | 7.185 | 61.1 | 4.9671 | 2 | 242 | 17.8 | 392.83 | 4.03 | 34.7 |
| | 0.03237 | 0 | 2.18 | 0 | 0.458 | 6.998 | 45.8 | 6.0622 | 3 | 222 | 18.7 | 394.63 | 2.94 | 33.4 |
| | 0.06905 | 0 | 2.18 | 0 | 0.458 | 7.147 | 54.2 | 6.0622 | 3 | 222 | 18.7 | 396.9 | 5.33 | 36.2 |
| | 0.02985 | 0 | 2.18 | 0 | 0.458 | 6.43 | 58.7 | 6.0622 | 3 | 222 | 18.7 | 394.12 | 5.21 | 28.7 |
| | 0.08829 | 12.5 | 7.87 | 0 | 0.524 | 6.012 | 66.6 | 5.5605 | 5 | 311 | 15.2 | 395.6 | 12.43 | 22.9 |
| | 0.14455 | 12.5 | 7.87 | 0 | 0.524 | 6.172 | 96.1 | 5.9505 | 5 | 311 | 15.2 | 396.9 | 19.15 | 27.1 |
| | 0.21124 | 12.5 | 7.87 | 0 | 0.524 | 5.631 | 100 | 6.0821 | 5 | 311 | 15.2 | 386.63 | 29.93 | 16.5 |
| | 0.17004 | 12.5 | 7.87 | 0 | 0.524 | 6.004 | 85.9 | 6.5921 | 5 | 311 | 15.2 | 386.71 | 17.1 | 18.9 |
| | 0.22489 | 12.5 | 7.87 | 0 | 0.524 | 6.377 | 94.3 | 6.3467 | 5 | 311 | 15.2 | 392.52 | 20.45 | 15 |
| | 0.11747 | 12.5 | 7.87 | 0 | 0.524 | 6.009 | 82.9 | 6.2267 | 5 | 311 | 15.2 | 396.9 | 13.27 | 18.9 |

图 4-5　Boston Housing 数据集示例

（2）MNIST。MNIST 数据集来自美国国家标准与技术研究院，一共有 7 万幅图片，其中 6 万幅是训练集，1 万幅是测试集。训练集由来自 250 个不同人手写的数字构成。其中每个样本都是一张黑白的手写数据图片，标签为数字 0～9。每张图片的大小为 28 像素×28 像素，像素值为 0～255 的整数。测试集也是同样比例的手写数字数据，但与训练集手写数字的作者不同。MNIST 数据集示例如图 4-6 所示。

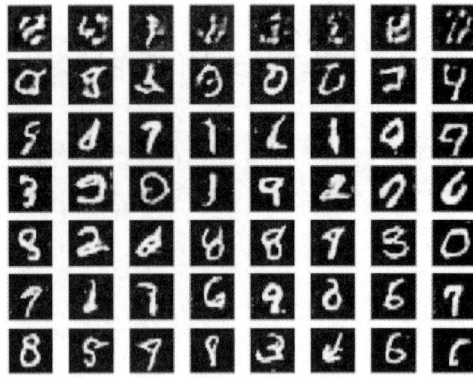

图 4-6　MNIST 数据集示例

（3）IMDB。IMDB 数据集包含来自互联网电影资料库（Internet Movie DataBose，IMDb）的 50000 条带有明显偏向的评论。其中训练集为 25000 条评论，测试集为 25000 条评论，训练集和测试集中都包含 50% 的正面评论和 50% 的负面评论。label 为评论的标签属性，neg 代表负面评论，pos 代表正面评论。IMDB 数据集示例如图 4-7 所示。

| | A | B | C | D | E | F |
|---|---|---|---|---|---|---|
| 1 | | type | review | label | file | |
| 2 | 0 | test | Once again Mr. Costner has dragged out a movie for far longer than necessa | neg | 0_2.txt | |
| 3 | 1 | test | This is an example of why the majority of action films are the same. Generic | neg | 10000_4.txt | |
| 4 | 2 | test | First of all I hate those moronic rappers, who could'nt act if they had a gun | neg | 10001_1.txt | |
| 5 | 3 | test | Not even the Beatles could write songs everyone liked, and although Walter | neg | 10002_3.txt | |
| 6 | 4 | test | Brass pictures (movies is not a fitting word for them) really are somewhat br | neg | 10003_3.txt | |
| 7 | 5 | test | A funny thing happened to me while watching "Mosquito": on the one hand, | neg | 10004_2.txt | |
| 8 | 6 | test | This German horror film has to be one of the weirdest I have seen.<br /><br | neg | 10005_2.txt | |
| 9 | 7 | test | Being a long-time fan of Japanese film, I expected more than this. I can't rea | neg | 10006_2.txt | |
| 10 | 8 | test | "Tokyo Eyes" tells of a 17 year old Japanese girl who falls in like with a ma | neg | 10007_4.txt | |
| 11 | 9 | test | Wealthy horse ranchers in Buenos Aires have a long-standing no-trading poli | neg | 10008_4.txt | |
| 12 | 10 | test | Cage plays a drunk and gets high critically praise. Elizabeth Shue Actually h | neg | 10009_3.txt | |
| 13 | 11 | test | First of all, I would like to say that I am a fan of all of the actors that appear | neg | 1000_3.txt | |
| 14 | 12 | test | So tell me - what serious boozer drinks Budweiser? How many suicidally-ob | neg | 10010_2.txt | |
| 15 | 13 | test | A big disappointment for what was touted as an incredible film. Incredibly b | neg | 10011_1.txt | |
| 16 | 14 | test | This film is absolutely appalling and awful. It's not low budget, it's a no bud | neg | 10012_1.txt | |
| 17 | 15 | test | Here's a decidedly average Italian post apocalyptic take on the hunting/killin | neg | 10013_4.txt | |
| 18 | 16 | test | At the bottom end of the apocalypse movie scale is this piece of pish called " | neg | 10014_2.txt | |
| 19 | 17 | test | Earth has been destroyed in a nuclear holocaust. Well, parts of the Earth, be | neg | 10015_4.txt | |
| 20 | 18 | test | Many people are standing in front of the house n some women are crying... I | neg | 10016_3.txt | |
| 21 | 19 | test | New York family is the last in their neighborhood to get a television set, whi | neg | 10017_1.txt | |
| 22 | 20 | test | The best thing about "The Prey" is the tag line..."It's not human and it's got : | neg | 10018_1.txt | |
| 23 | 21 | test | This is truly, without exaggerating, one of the worst Slasher movies ever ma | neg | 10019_1.txt | |
| 24 | 22 | test | I'm a huge fan of both Emily Watson (Breaking The Waves) and Tom Wilkin | neg | 1001_4.txt | |
| 25 | 23 | test | Sure, most of the slasher films of the 1980's were not worth the<br /><br / | neg | 10020_1.txt | |
| 26 | 24 | test | I think that would have been a more appropriate title for this film, since it is | neg | 10021_3.txt | |
| 27 | 25 | test | 1980 was certainly a year for bad backwoods slasher movies. "Friday The 13 | neg | 10022_1.txt | |
| 28 | 26 | test | Everything everyone has said already pretty much rings true when it comes t | neg | 10023_4.txt | |
| 29 | 27 | test | Uhhh ... so, did they even have writers for this? Maybe I'm picky, but I like | neg | 10024_3.txt | |
| 30 | 28 | test | Oh yeah, this one is definitely a strong contender to win the questionable aw | neg | 10025_2.txt | |

图 4-7　IMDB 数据集示例

（4）CIFAR-10。CIFAR-10 数据集由十类（飞机、汽车、鸟、猫、鹿、狗、青蛙、马、船和卡车）、60000 幅 32×32 彩色图像组成，每类有 6000 幅图像。数据集分为 50000 幅训练图像和 10000 幅测试图像。CIFAR-10 数据集示例如图 4-8 所示。

图 4-8　CIFAR-10 数据集示例

（5）CIFAR-100。CIFAR-100 数据集比 CIFAR-10 数据集的图像类别数更多也更复杂，它有一百类，每类包含 600 幅图像，其中 500 幅训练图像和 100 幅测试图像。CIFAR-100 中的一百类又被分为 20 个超类。每幅图像都有一个"精细"标签（它所属的类）和一个"粗糙"标签（它所属的超类）。CIFAR-100 数据集示例如图 4-9 所示。

| 超类 | 类别 |
| --- | --- |
| 水生哺乳动物 | 海狸, 海豚, 水獭, 海豹, 鲸鱼 |
| 鱼 | 水族馆的鱼, 比目鱼, 射线, 鲨鱼, 鳟鱼 |
| 花卉 | 兰花, 玫瑰, 向日葵, 郁金香等 |
| 食品容器 | 瓶子, 碗, 罐子, 杯子, 盘子 |
| 水果和蔬菜 | 苹果, 蘑菇, 橘子, 梨, 甜椒 |
| 家用电器 | 时钟, 电脑键盘, 台灯, 电话机, 电视机 |
| 家用家具 | 床, 椅子, 沙发, 桌子, 衣柜 |
| 昆虫 | 蜜蜂, 甲虫, 蝴蝶, 毛虫, 蟑螂 |
| 大型食肉动物 | 熊, 豹, 狮子, 老虎, 狼 |
| 大型人造户外用品 | 桥, 城堡, 房子, 路, 摩天大楼 |
| 大自然的户外场景 | 云, 森林, 山, 平原, 海 |
| 大杂食动物和食草动物 | 骆驼, 牛, 黑猩猩, 大象, 袋鼠 |
| 中型哺乳动物 | 狐狸, 豪猪, 负鼠, 浣熊, 臭鼬 |
| 非昆虫无脊椎动物 | 螃蟹, 龙虾, 蜗牛, 蜘蛛, 蠕虫 |
| 人 | 婴儿, 男孩, 女孩, 男人, 女人 |
| 爬行动物 | 鳄鱼, 恐龙, 蜥蜴, 蛇, 乌龟 |
| 小型哺乳动物 | 仓鼠, 老鼠, 兔子, 母老虎, 松鼠 |
| 树木 | 枫树, 橡树, 棕榈, 松树, 柳树 |
| 车辆1 | 自行车, 公共汽车, 摩托车, 皮卡车, 火车 |
| 车辆2 | 割草机, 火箭, 有轨电车, 坦克, 拖拉机 |

图 4-9　CIFAR-100 数据集示例

2. 外部的文件数据集

外部的文件数据集主要包括 CSV 文件数据和 TFRecord 文件数据等。其中，CSV 文件格式是一种常用的格式，用于以纯文本格式存储表格数据。TFRecord 文件格式是谷歌专门为 TensorFlow 框架设计的一种数据格式，TFRecord 数据文件将图像数据和标签统一存储，能在 TensorFlow 框架中进行数据的快速复制、移动、读取和存储等操作。

### 4.2.2 数据预处理

数据加载完毕后，不一定是规范和完整的，这就需要对数据进行初步分析或探索，然后根据探索结果与问题目标，确定数据预处理方案。

数据预处理

对数据的探索包括了解数据的大致结构、数据量、各特征的统计信息、整个数据的质量情况、数据的分布情况等。在对数据探索后，可能会发现一些数据问题如存在缺失数据、数据不规范、数据分布不均衡、存在奇异数据、存在非数值数据、存在无关或不重要的数据等。这些问题的存在将直接影响数据质量，因此，需要对加载的数据进行数据预处理。数据预处理是深度学习过程中必不可少的重要步骤，特别是在生产环境中，数据往往是原始、未加工的，数据预处理常常占据整个深度学习过程的大部分时间。

数据预处理过程中，一般包括数据加载、数据清洗、特征选择、划分训练集和测试集、特征缩放等工作。

1. 数据预处理简介

任何与数据相关的项目都需要花费相当大的精力去对数据进行预处理。数据预处理对于机器学习和深度学习应用项目同样具有重要的作用，且会占用约 80%的项目流程时间。所谓数据预处理，是指使用分析、过滤、转换和编码数据的方法，剔除原始数据中的"脏"数据，调整不符合规范的数据格式，从而得到一组符合准确、完整等标准的高质量数据，以便机器学习算法可以理解，从而很容易地解释数据的特征。

在实际应用中，原始数据一般是多数据源且格式多样化的数据，这些数据的质量通常是良莠不齐的，或多或少存在一些问题，不能直接被用于网络的训练，否则会造成输出低质量的预测结果。那么，怎样的数据才算是高质量的呢？评估数据质量的指标有以下五个。

（1）完整性。数据中不能有缺失记录或属性。

（2）准确性。数据中不能有错误的记录或属性。

（3）有效性。数据的类型、格式、取值范围等不能有错误。

（4）时效性。数据的采集时间段要符合网络训练的要求。

（5）一致性。有关联的属性之间不能相互矛盾。

2. 数据预处理的流程

（1）数据加载。数据加载是指从数据源（文件或数据库）中读取数据，并加载到内存中。

（2）数据清洗。数据清洗是指通过一些方法对数据中的异常情况进行处理，以提高数据质量。依据数据质量评估的原则，常见的数据清洗方法有以下三种。

1）缺失值处理。从现实世界获得的数据会由于各类原因导致某些数据属性的丢失或空缺。根据属性的重要程度，可以采用不同的处理方式。

对于重要性较低的属性，当该属性的缺失率太高时，可以直接删除；当缺失率较低且符合均匀分布时，用该属性的均值填补缺失；当缺失率较低且存在倾斜分布的情况时，采用中位数进行填补。

对于重要性较高的属性，当该属性的缺失率较高时，可采取从其他渠道补全、使用其他字段计算获取或去掉字段并在结果中标明等方法；如果是缺失率较低的数据，则可采取计算填充、经验或业务知识估计等策略。

目前，业界未有缺失率高或低的标准，需要根据项目的具体情况来界定。

2）识别异常数据。如果一些随机性错误造成某个属性值远离其主要的数据模型，则可以通过一些自动化手段进行识别，并丢弃这些异常值。

3）消除数据不一致。当获取的原始数据出现不一致的情况，如姓名属性中填写了年龄值，或者同一人重复填写两次信息等。有时，这些不一致可以通过自动化来处理，但大多数情况下需要手动检查。

（3）提取特征属性和标签属性。提取特征属性和标签属性的目的是为深度学习网络提供相关性较高的输入和输出。根据预测目标，观察原始数据集的分布情况，以及各特征属性与标签属性的相关性，去掉无关特征属性，减少算法处理的数据量，只提取与标签属性相关性较高的特征属性，并将其作为网络的输入。

（4）划分训练集和测试集。将数据集拆分为训练集和测试集，并对数据进行随机打乱、分批设置。其中训练集用于网络训练，测试集用于验证训练好的模型。一般情况下，训练集和测试集分别占总数据样本的 80% 和 20%。

（5）特征缩放处理。特征缩放是一种将数据集的特征属性标准化在特定范围内的技术。通过特征缩放处理，可以扩充数据集的规模，增加数据的多样性，从而增强模型的稳定性。在特征缩放中，将特征属性放在相同的范围和相同的比例中，这样任何变量都不会支配另一个变量。特征缩放的方法主要有标准化和正常化两种。

1）标准化方法。利用公式 $x'=[x-mean(x)/a]$ 计算，其中 $x$ 为原始值，$mean$ 为均值，$a$ 为标准差，$x'$ 为标准化后的值。

2）正常化方法。利用公式 $x'=[x-min(x)/max(x)-min(x)]$ 计算，其中 $x$ 为原始值，$min$ 为最小值，$max$ 为最大值，$x'$ 为正常化后的值。

3. 数据清洗案例

下面通过一个共享单车数据集清洗的案例，来进一步了解数据预处理的实施过程。

（1）准备数据。这里构建了一个简单的共享单车数据集，其属性包括 user_id、bicycle_id、city、time_length 和 distance，分别表示用户编号、单车编号、所在城市、骑行时长和骑行距离，见表 4-1。

表 4-1 共享单车数据集

| user_id | bicycle_id | city | time_length | distance |
|---------|-----------|------|-------------|----------|
| NaN | b_0001 | guangzhou | 10 | 1000 |
| NaN | b_0003 | shenzhen | 30 | NaN |

| user_id | bicycle_id | city | time_length | distance |
|---------|-----------|------|-------------|----------|
| NaN | b_0002 | foshan | NaN | 3000 |
| NaN | b_0006 | guangzhou | 20 | 2000 |
| NaN | b_0012 | foshan | 40 | 4000 |
| zhangsan | b_0011 | zhuhai | 30 | NaN |

（2）解读数据。观察共享单车数据集，可以发现原数据存在以下两个问题。

1）用户编号和单车编号两个属性对于分析各城市的用户骑行情况没有任何意义，因此，可以直接将这两个属性去掉。

2）骑行时长和骑行距离属性中均有若干个 NaN 值，也就是说这两个属性中包含缺失值，假设认定两个属性的缺失率均不高，那么，可采用均值填充方式来替换 NaN 值。

（3）导入库。这里需要导入 Pandas 和 NumPy 库，代码如下：

```
import pandas as pd
import numpy as np
```

（4）读取数据集。利用 Pandas 库中的 read_csv 函数，从文件中读取数据，代码如下：

```
data = pd.read_csv('bicycly_data.csv')
```

（5）进行数据清洗。针对数据存在的问题，将先删除无用列，再替换其他列中的 NaN 值，代码如下：

```
#语句 1：取得 data 中第 3~5 列的所有行，以删除 user_id 和 bicycle_id 列
data_1 = data.iloc[:,2:5]

#语句 2：遍历所有包含 NaN 值的列
for column in list(data_1.columns[data_1.isna().sum() > 0]):
#语句 3：计算当前列除 NaN 值外元素的均值
mean_val = data_1[column].mean()
#语句 4：使用均值替换原数据中的 NaN 值
data_1[column].fillna(mean_val, inplace=True)

#输出清洗后的数据集
print(data_1)
```

运行上述代码，输出结果如图 4-10 所示。

```
        city  time_length  distance
0  guangzhou         10.0    1000.0
1   shenzhen         30.0    2500.0
2     foshan         26.0    3000.0
3  guangzhou         20.0    2000.0
4     foshan         40.0    4000.0
5     zhuhai         30.0    2500.0
```

图 4-10　清洗后的数据集 data_1

代码说明：

● 语句 1 中 iloc 函数的作用是提取某一列或某几列数据，参数 1 为行范围，参数 2 为列范围。

- 语句 2 中的 isna 函数用于判断当前列是否存在 NaN 值。
- 语句 3 中 mean 函数的作用是计算当前列各元素的均值。
- 语句 4 中 fillna 函数的作用是使用指定方法填充 Na/NaN 值，参数 1 表示用于填充的值，参数 2 表示是否在原数据上进行操作。

### 4.2.3 构建神经网络

数据预处理完毕后就可以着手构建神经网络了。在深度学习中，构建的是深度神经网络，网络的隐藏层数量大于 1。神经网络的结构类似于大脑神经突触，信息输入神经突触并处理，处理完毕后将处理结果输出给下一个神经突触，从而模拟生物神经系统对真实世界的交互反应。深度神经网络被广泛用于解决传统的分类回归问题及视觉和语音识别等问题上。

图 4-11 是一个含有 3 层隐藏层的全连接神经网络，其中输入层神经元接收外界输入数据，不进行函数处理；隐藏层和输出层包含功能神经元，对数据进行处理输出。神经网络的构建包含输入层、隐藏层和输出层的构建。

（1）输入层。输入层是将所需要的数据直接输入网络。

（2）隐藏层。隐藏层指深度神经网络中除输入层、输出层之外中间层级的网络。在深度神经网络模型中，一般输入层和输出层是对外可见的，称为可视层。而中间层对外不可见，其内部结构难以解释，称为隐藏层。隐藏层主要包括卷积层、全连接层、池化层等。

（3）输出层。输出层是最后一层，除和所有的隐藏层一样，能够完成维度变换、特征提取的功能之外，还可以根据输出值的区间范围进行分类。输出层的构建相对灵活，一般根据实际业务场景需求构建，常见的输出类型包括普通实数和[0,1]区间数等。普通实数对应于回归趋势预测问题，[0,1]区间数对应于二分类/多分类的概率问题。

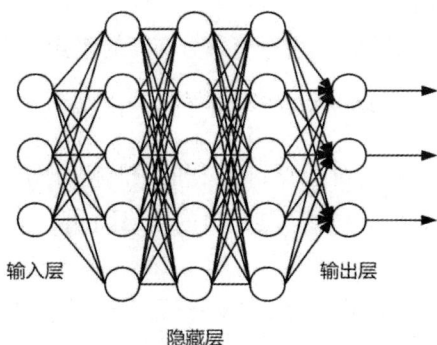

图 4-11　全连接神经网络

### 4.2.4 训练配置

神经网络构建完成后还不能直接使用，须设置损失函数和优化器等相关参数后才可以输入训练数据，从而进行网络训练。设置损失函数的目的是对每次训练利用损失函数进行误差计算，度量模型输出和目标值之间的差异，它是评估模型性能的重要指标之一，其值越小，表明模型性能越好。设置优化器的目的是指定模型在训练过程中以何种方式一步步最小化损失函数值，从而达到模型收敛。

1. 设置损失函数

常用的损失函数有平均绝对误差、均方误差和交叉熵等。

（1）平均绝对误差。平均绝对误差（Mean Absolute Error，MAE），是回归问题中常用的损失函数，是计算目标值与预测值之差绝对值和的均值，表示了预测值的平均误差幅度，而不考虑误差的方向。平均绝对误差的计算公式为

$$MAE = \frac{1}{n}\sum_{i=1}^{n}|y_i - y_i'|$$

其中，$MAE$ 表示平均绝对误差，$y_i$ 表示第 $i$ 个实际值，$y_i'$ 表示第 $i$ 个预测值。由于预测误差有正有负，为了避免正负相抵消，因此取误差的绝对值求均值。$MAE$ 的值越小，模型的效果也就越好。

（2）均方误差。均方误差（Mean Square Error，MSE）也是回归问题中常用的损失函数，它是计算误差平方之和的均值，通过求误差的平方也避免了正负误差相抵消的问题。当均方误差值越小，即损失函数越小时，模型的性能也就越好。均方误差的计算公式为

$$MSE = \frac{1}{n}\sum_{i=1}^{n}(y_i - y_i')^2$$

其中，$MSE$ 表示均方误差，$y_i$ 表示第 $i$ 个实际值，$y_i'$ 表示第 $i$ 个预测值。

MAE 和 MSE 各有优劣，MAE 由于计算的是误差绝对值和均值，所以模型受离群点的影响程度较小，而 MSE 由于计算的是误差的平方和的均值，当真实值和预测值的差值大于 1 时，会放大误差；当差值小于 1 时，则会缩小误差，模型受离群点的影响程度大。但是 MSE 的函数曲线呈光滑、连续的凹圆弧形，模型收敛速度快；MAE 的函数曲线呈 V 字形，在 0 处不可导，模型收敛速度慢。

（3）交叉熵。交叉熵主要用于度量两个概率分布间的差异性信息，计算公式为

$$H(a,b) = -\sum_{i=1}^{n}a(x_i)\log[b(x_i)]$$

其中，$a(x_i)$ 表示数据的真实分布，$b(x_i)$ 表示数据的预测值分布，交叉熵表示两个概率分布之间的距离。交叉熵表达预测输入样本属于某一类的概率因此，更适合用在分类问题上。

2. 设置优化器

常用的优化器有随机梯度下降优化器、RMSprop 优化器和 Adam 优化器等。

（1）随机梯度下降优化器。随机梯度下降优化器（Stochastic Gradient Descent，SGD），在深度学习过程中，模型初始误差很大，随着训练次数不断增多，模型参数逐步趋于最优值，模型误差逐渐减少，直到误差到达稳定状态，模型收敛。随机梯度下降的过程可以理解为一个人从山顶下山的过程（误差从大到小的过程），这个人初始从山顶出发（误差很大），在下山过程中不必每走一步都要寻找最陡的下山路径（每训练一次都确定模型参数的后续变化趋势），而是随机走一小段距离（训练多次）再寻找最陡的下山路径，可能有时候错过了某条最优的下山路径，但是最终总能到达山底，只不过过程会比较曲折。虽然看似 SGD 需要走很多步，但是寻找最陡下山路径的速度快。只要干扰不是特别大，SGD 都能很好地收敛。

（2）RMSprop 优化器。RMSprop 优化器是实现了 RMSprop 算法的优化程序，适合处理非平稳目标——对于 RNN 效果很好。RMSprop 能自适应地调节学习率。RMSProp 算法在经验上已经被证明是一种有效且实用的深度神经网络优化算法，目前是深度学习从业者经常采用的优化方法之一。

（3）Adam 优化器。Adam 是实现了 Adam 算法的优化器，是一种基于随机估计的一阶和二阶矩的随机梯度下降方法，该方法的计算效率高，内存需求少。

### 3. 设置学习率

学习率是用于控制权重更新幅度的超参数。在训练网络的过程中，算法会根据样本数据和损失函数来计算出权重的更新方向和大小，学习率就是用来控制这个更新大小的参数。

如果学习率设置得过大，则会导致模型在训练过程中震荡不定，甚至可能无法收敛；如果学习率设置得过小，模型的训练速度会非常缓慢，需要更长的时间才能达到收敛。

通常，学习率需要通过交叉验证等方法来确定最优的取值。常见的学习率优化方法包括动态调整学习率、自适应学习率和学习率衰减等。

### 4.2.5 训练网络

网络构建和配置完成后，可将训练集样本传入网络进行训练。在训练网络过程中，可通过调整迭代次数、批次大小等参数的值，对网络训练过程进行优化。

（1）迭代次数。训练网络时，可以设置迭代次数参数，迭代次数值的大小就表示训练集中所有样本数据被传入网络训练的轮数，例如迭代次数为 1，表示训练集中所有样本数据被传入网络训练一轮。

迭代次数设置得不能太大也不能太小，当迭代次数设置得太小时，训练得到的模型效果较差，模型还没有充分学习到足够的训练数据特征；当迭代次数设置得太大时，可能会导致模型过拟合、训练时间过长等问题。因此，使用时用户可以根据自身的情况设置一个合适的迭代次数。在迭代训练的过程中，误差值会跟随迭代次数的变化而变化，有可能出现迭代次数增加，误差值正增加的情况，但总体趋势是误差值会随迭代次数的增加而减少，如果迭代到达一定次数后，误差值已趋于稳定且变化微小，则可以结束训练过程，当前迭代次数值为较优值。如果此时继续训练可能会出现过拟合现象，关于过拟合现象将在项目 5 进行介绍。

（2）批次大小。在深度学习中，由于数据量巨大，一般在网络训练时会使用 GPU 同时计算多个样本，以增加模型训练并行度，提升模型的训练速度。批次大小就是指模型一次能够同时计算的样本数。设置批次大小后跑完一次数据集所需的迭代次数减少，对相同数据量的处理速度进一步加快。例如，原来模型需要迭代 100 次才训练完成，设置批次大小后可能只需要 50 次就训练完成了。批次大小可以根据自身 GPU 显存资源来设置，如果设置的值太大，显存不足，则无法完成训练；如果设置的值太小，GPU 资源没有充分利用，则影响训练速度。通常在资源允许的范围内尽可能增加批次大小的值，使模型更快到达稳定状态。

### 4.2.6 模型评估

网络训练完毕后，需要利用测试集来评估训练的效果，以及所得到的模型指标是否达标。

如果不达标，则需采取措施（对训练集数据进行优化、重新选择模型或调整模型参数）重新进行模型训练。以分类问题为例，常用的模型评估指标有准确率、精确率和召回率等。

假设分类目标只有两类，即正例和负例，正例数量为 P，负例数量为 N。则模型的分类结果可能有以下四种情况。

（1）True Positives（TP）：预测为正样本，实际也为正样本的特征数。

（2）False Positives（FP）：预测为正样本，实际为负样本的特征数（错预测为正样本了，称为 False）。

（3）True Negatives（TN）：预测为负样本，实际也为负样本的特征数。

（4）False Negatives（FN）：预测为负样本，实际为正样本的特征数（错预测为负样本了，称为 False）。

根据以上四种情况，可以计算出准确率、精确率和召回率等指标。

（1）准确率。准确率是最常见的评价指标，用于衡量模型对整个样本的判定能力，即将正样本判定为正，负样本判定为负。准确率的计算公式如下：

$$准确率 = \frac{TP + TN}{P + N}$$

即判断对的样本数除以所有的样本数，一般来说模型正确率越高，性能越好。

（2）精确率。在某些场景下只判断准确率是不够的，例如判断邮件是否为垃圾邮件，假设该邮件是垃圾邮件为正样本，不是垃圾邮件为负样本。如果一个模型的准确率非常高，但是这些准确率的贡献大部分来自对负样本的正确判断，而对正样本判断的正确率很低，则预测出来的非垃圾邮件大多都正确的，垃圾邮件大多是错误的，这样的模型虽然准确率高，也是不可用的。针对此种情况，就有了精确率这一衡量指标。

精确率是针对预测结果而言的，它表示的是预测为正类的样本中真正的正类样本的数量。那么预测为正类就有两种可能，一种就是把正类预测为正类（TP），另一种就是把负类预测为正类（FP）。精确率的计算公式如下：

$$精确率 = \frac{TP}{TP + FP}$$

（3）召回率。与精确率相似的指标还有召回率，召回率是针对原始样本而言的，它表示的是全体样本中的所有正类样本被预测正确的数量。那么预测也有两种可能，一种是把正类预测为正类（TP），另一种就是把正类预测为负类（FN）。召回率的计算公式如下：

$$召回率 = \frac{TP}{TP + FN} = \frac{TP}{P}$$

对于精确率和召回率，其实就是分母不同，精确率的分母是预测为正类的样本数，召回率的分母是原始样本中所有的正类样本数。召回率表示该类样本有多少被找出来了（即召回了多少）。精确率表示模型判断的该类样本中，有多少被判断正确了（即判断的精确性如何）。

在大规模数据集合中，精确率和召回率往往是相互制约的。理想情况下两个指标都高当然最好，但一般情况下，精确率高、召回率就低，召回率高、精确率就低。人们试想能不能创建一个新指标将两者综合起来呢？于是就产生了一个指标 F 值。F 值是精确率和召回率的综合。

F 值的计算公式如下：

$$F(k) = \frac{(1+k)pr}{k^2 p + r}$$

其中 $k>0$，$k$ 是精确率和召回率的权值衡量。如果 $k>1$，则召回率占权重更大；如果 $k<1$，则精确率占权重更大。实际使用中，常用 $F_1$ 和 $F_2$ 值来做衡量指标，即 $k=1$ 和 $k=2$。$F_1$ 和 $F_2$ 值的计算公式如下：

$$F(1) = \frac{2pr}{p+r}$$

$$F(2) = \frac{3pr}{4p+r}$$

### 4.2.7　模型保存与调用

神经网络的训练过程通常需要花费大量的时间与精力，一般不会现建现用，而是提前训练好神经网络模型并保存，使用时直接加载保存的模型。模型保存的方式分为两种，即保存模型参数和保存整个模型。

（1）保存模型参数。该方式将模型的参数保存在目标路径下的一个或多个文件中，使用时直接加载该文件即可加载模型参数，这种方式要求定义的新模型网络结构和源模型网络结构完全一致，这样才能正常加载已有的模型参数。

（2）保存整个模型。该方式将模型的参数和网络结构永久地保存在目标路径下的一个或多个模型文件中，使用时直接加载模型文件即可调用该模型。

保存的模型支持直接调用运行也支持跨平台调用运行，例如在浏览器中使用 TensorFlow.js 加载运行、在移动设备上使用 TensorFlow Lite 加载运行等。

## 【项目实施】

# 任务 4.1　数 据 准 备

**数据准备**

### 【任务描述】

本任务要求了解加州房价数据集的数据特征，根据房价预测需要对数据集进行预处理。

### 【实施思路】

（1）实现数据的读取：下载 Sklearn 库所提供的内置数据集——加州房价数据集 fetch_california_housing。

（2）观察数据集：了解数据集的各属性含义，明确数据集的特征属性和标签属性。

（3）实现数据清洗：去除异常值，选取特征属性。

（4）划分训练集和测试集。

（5）实现数据集的标准化处理。

**【任务实施】**

1. 导入库

在前面的案例中，使用 Matplotlib 库提供的函数绘制了散点图和线条图，这里还将同时使用另一个可视化库 Seaborn，那么，它们有什么区别？分别适用于什么场景呢？Matplotlib 是 Python 数据可视化库的经典工具，包含了绘制线条图、柱状图、散点图、面积图、热力图等多种类型的图表，具有很好的灵活性和定制性，常用于图形探索和数据分析，其缺点是编码较复杂；Seaborn 是在 Matplotlib 基础上的高级可视化库，提供了更高层次的 API，支持更多种类的统计图形（如热度图、分布图、回归图等），同时具有更好的图形美观度，适合用来进行数据探索和呈现，其缺点是一切是固定的，缺乏灵活度。

在使用 Seaborn 之前，需要先使用 pip 命令进行安装，在命令窗口输入：

```
pip install seaborn -i https://pypi.doubanio.com/simple          #安装 Seaborn 库
```

也可以直接在 Jupyter Notebook 上使用以下命令安装：

```
!pip install seaborn -i https://pypi.doubanio.com/simple
```

另外，还将导入 Sklearn 库内置的加州房价历史数据集 fetch_california_housing，代码如下：

```
import pandas as pd
import matplotlib.pyplot as plt
import seaborn as sns                                           #导入 Seaborn 库
from sklearn.datasets import fetch_california_housing            #导入数据集
```

2. 数据预处理

（1）读取数据。读取内置数据集 fetch_california_housing，代码如下：

```
housing = fetch_california_housing()
housing
```

运行上述代码，输出结果如图 4-12 所示。

```
{'data': array([[ 8.3252  ,  41.      ,   6.98412698, ...,   2.55555556,
         37.88    , -122.23    ],
       [ 8.3014  ,  21.      ,   6.23813708, ...,   2.10984183,
         37.86    , -122.22    ],
       [ 7.2574  ,  52.      ,   8.28813559, ...,   2.80225989,
         37.85    , -122.24    ],
       ...,
       [ 1.7     ,  17.      ,   5.20554273, ...,   2.3256351 ,
         39.43    , -121.22    ],
       [ 1.8672  ,  18.      ,   5.32951289, ...,   2.12320917,
         39.43    , -121.32    ],
       [ 2.3886  ,  16.      ,   5.25471698, ...,   2.61698113,
         39.37    , -121.24    ]]),
 'target': array([4.526, 3.585, 3.521, ..., 0.923, 0.847, 0.894]),
 'frame': None,
 'target_names': ['MedHouseVal'],
 'feature_names': ['MedInc',
  'HouseAge',
  'AveRooms',
  'AveBedrms',
  'Population',
  'AveOccup',
  'Latitude',
  'Longitude'],
 'DESCR': '.. _california_housing_dataset:\n\nCalifornia Housing dataset\n------------------------\n\n**Data Set Characteristics:**\n\n
:Number of Instances: 20640\n\n    :Number of Attributes: 8 numeric, predictive attributes and the target\n\n    :Attribute Information:\n
- MedInc        median income in block group\n        - HouseAge      median house age in block group\n        - AveRooms      average numbe
r of rooms per household\n        - AveBedrms     average number of bedrooms per household\n        - Population     block group population\n
- AveOccup      average number of household members\n        - Latitude      block group latitude\n        - Longitude     block group longi
```

图 4-12  原始的加州房价数据集

从图 4-12 中可以看到数据集的基本全貌，为了进一步了解其详细信息，可以输出查看属性 DESCR 的内容，代码如下：

```
print(housing['DESCR'])
```

运行上述代码，输出结果如图 4-13 所示。

```
**Data Set Characteristics:**

    :Number of Instances: 20640

    :Number of Attributes: 8 numeric, predictive attributes and the target

    :Attribute Information:
        - MedInc        median income in block group
        - HouseAge      median house age in block group
        - AveRooms      average number of rooms per household
        - AveBedrms     average number of bedrooms per household
        - Population     block group population
        - AveOccup      average number of household members
        - Latitude      block group latitude
        - Longitude     block group longitude

    :Missing Attribute Values: None
```

图 4-13　加州房价数据集的 DESCR 属性值

运行结果分析：从图 4-13 中可以了解到，该数据集来自加州地区各个区块组（美国最小的地理统计单位）的房价统计数据，每个区块组的数据占一行，因此，这里每一行数据的各项都是一个区块组的均值。该数据集共有 20640 条数据，包括 8 个数值型特征属性和 1 个标签属性，其中特征属性分别是 MedInc（家庭收入）、HouseAge（房屋年龄中位数）、AveRooms（房间总数）、AveBedrms（卧室总数）、Population（人口数）、AveOccup（家庭成员数）、Latitude（纬度）、Longitude（经度），标签属性为 MedHouseVal（房价中位数）。

（2）观察数据集。首先，将数据集转换为二维表格形式，方便对其观察，代码如下：

```
#以 data 属性为数据、feature_names 属性为标题，创建 DataFrame 对象
df = pd.DataFrame(data=housing['data'], columns=housing['feature_names'])
#将 target 属性列作为新增列加到 df 最后一列
df['MedHouseVal'] = housing['target']
#查看 df
df
```

运行上述代码，输出结果如图 4-14 所示。

运行结果分析：图 4-14 是一张由 DataFrame 对象所表示的二维表格，可以清楚地看到前 8 个属性为房屋特征，最后 1 个属性是房屋标签（房价），数据集共 20640 条数据。

其次，利用 DataFrame 对象的 info 函数来查看数据集的基本信息，包括维度、列名称、数据格式、所占空间、是否为空等。查看数据集基本信息的代码如下：

```
df.info()
```

运行上述代码，输出结果如图 4-15 所示。

| | MedInc | HouseAge | AveRooms | AveBedrms | Population | AveOccup | Latitude | Longitude | MedHouseVal |
|---|---|---|---|---|---|---|---|---|---|
| 0 | 8.3252 | 41.0 | 6.984127 | 1.023810 | 322.0 | 2.555556 | 37.88 | -122.23 | 4.526 |
| 1 | 8.3014 | 21.0 | 6.238137 | 0.971880 | 2401.0 | 2.109842 | 37.86 | -122.22 | 3.585 |
| 2 | 7.2574 | 52.0 | 8.288136 | 1.073446 | 496.0 | 2.802260 | 37.85 | -122.24 | 3.521 |
| 3 | 5.6431 | 52.0 | 5.817352 | 1.073059 | 558.0 | 2.547945 | 37.85 | -122.25 | 3.413 |
| 4 | 3.8462 | 52.0 | 6.281853 | 1.081081 | 565.0 | 2.181467 | 37.85 | -122.25 | 3.422 |
| ... | ... | ... | ... | ... | ... | ... | ... | ... | ... |
| 20635 | 1.5603 | 25.0 | 5.045455 | 1.133333 | 845.0 | 2.560606 | 39.48 | -121.09 | 0.781 |
| 20636 | 2.5568 | 18.0 | 6.114035 | 1.315789 | 356.0 | 3.122807 | 39.49 | -121.21 | 0.771 |
| 20637 | 1.7000 | 17.0 | 5.205543 | 1.120092 | 1007.0 | 2.325635 | 39.43 | -121.22 | 0.923 |
| 20638 | 1.8672 | 18.0 | 5.329513 | 1.171920 | 741.0 | 2.123209 | 39.43 | -121.32 | 0.847 |
| 20639 | 2.3886 | 16.0 | 5.254717 | 1.162264 | 1387.0 | 2.616981 | 39.37 | -121.24 | 0.894 |

20640 rows × 9 columns

图 4-14　基于原始数据集构建的二维表格

```
<class 'pandas.core.frame.DataFrame'>
RangeIndex: 20640 entries, 0 to 20639
Data columns (total 9 columns):
 #   Column       Non-Null Count   Dtype

 0   MedInc       20640 non-null   float64
 1   HouseAge     20640 non-null   float64
 2   AveRooms     20640 non-null   float64
 3   AveBedrms    20640 non-null   float64
 4   Population   20640 non-null   float64
 5   AveOccup     20640 non-null   float64
 6   Latitude     20640 non-null   float64
 7   Longitude    20640 non-null   float64
 8   MedHouseVal  20640 non-null   float64
dtypes: float64(9)
memory usage: 1.4 MB
```

图 4-15　数据集的基本信息

运行结果分析：从图 4-15 中可以了解到，数据集的 9 个属性均有 20640 条数据，表示数据无缺失，数据类型均为 float64，所占空间为 1.4MB。

最后，利用 DataFrame 对象的 describe 函数得到数据集各种特征的汇总统计信息，该方函数可以用来返回一个新的 DataFrame 对象，其中包含原 DataFrame 对象中每个数值属性列的 count（计数）、mean（均值）、std（标准差）、min（最小值）、25%（第 25 百分位）、50%（第 50 百分位）、75%（第 75 百分位）和 max（最大值）。查看每个数值属性列的统计情况的代码如下：

```
df.describe()
```

执行上述代码，输出结果如图 4-16 所示。

| | MedInc | HouseAge | AveRooms | AveBedrms | Population | AveOccup | Latitude | Longitude | MedHouseVal |
|---|---|---|---|---|---|---|---|---|---|
| count | 20640.000000 | 20640.000000 | 20640.000000 | 20640.000000 | 20640.000000 | 20640.000000 | 20640.000000 | 20640.000000 | 20640.000000 |
| mean | 3.870671 | 28.639486 | 5.429000 | 1.096675 | 1425.476744 | 3.070655 | 35.631861 | -119.569704 | 2.068558 |
| std | 1.899822 | 12.585558 | 2.474173 | 0.473911 | 1132.462122 | 10.386050 | 2.135952 | 2.003532 | 1.153956 |
| min | 0.499900 | 1.000000 | 0.846154 | 0.333333 | 3.000000 | 0.692308 | 32.540000 | -124.350000 | 0.149990 |
| 25% | 2.563400 | 18.000000 | 4.440716 | 1.006079 | 787.000000 | 2.429741 | 33.930000 | -121.800000 | 1.196000 |
| 50% | 3.534800 | 29.000000 | 5.229129 | 1.048780 | 1166.000000 | 2.818116 | 34.260000 | -118.490000 | 1.797000 |
| 75% | 4.743250 | 37.000000 | 6.052381 | 1.099526 | 1725.000000 | 3.282261 | 37.710000 | -118.010000 | 2.647250 |
| max | 15.000100 | 52.000000 | 141.909091 | 34.066667 | 35682.000000 | 1243.333333 | 41.950000 | -114.310000 | 5.000010 |

图 4-16　数据集各属性列的汇总统计信息

运行结果分析：从图 4-16 中可以了解到数据集各特征的均值、方差、标准差和最大值等，此外，25%、50% 和 75% 也是非常值得关注的，例如房间总数，其 25% 为 4.440716，表示有 25% 的区块组的房屋的房间数量少于 4.440716 人，50% 的区块组少于 5.229129 人，75% 的区块组少于 6.052381 人。这 3 个属性可以帮助我们进一步了解数据的基本分布情况。

（3）探索各特征属性与 MedHouseVal 属性的关系。利用 Matplotlib 库提供的函数，绘制各特征属性与 MedHouseVal 属性的关系图，代码如下：

```
#定义绘制函数
def drawCorr(data):
#语句 1：定义图形窗口，设置其宽和高均为 12，分辨率为 300
#返回 3×3 的子图坐标数组对象 axs
fig, axs = plt.subplots(3, 3, figsize=(12, 12), dpi=300)
#语句 2：将 axs 展开为一维数组
axs.flatten()
#遍历数据集中所有的属性列
for i, col in enumerate(df.columns[:-1]):
    #绘制第 i 张散点子图，描述第 col 个属性列与房价中位数的关系
    axs[i].scatter(df[col], df['MedHouseVal'], s=1)
    #设置 x 轴
    axs[i].set_xlabel(col)
    #设置 y 轴
    axs[i].set_ylabel('MedHouseVal')
#调整子图，以填充整个图形窗口
plt.tight_layout()
#保存所绘制的图形
plt.savefig('../tmp/加州房价数据集各属性与目标属性的关系.jpg')
#显示图形
plt.show()

#调用 drawCorr 函数
drawCorr(df)
```

执行上述代码，输出结果如图 4-17 所示。

运行结果分析：从图 4-17 中可初步判定，特征属性 HouseAge、Latitude 和 Longitude 与目标属性 MedHouseVal 之间不存在线性关系，特征属性 MedInc 与目标属性 MedHouseVal 之间存在正相关的关系，其他特征属性还需做进一步观察。

代码说明：

- 语句 1 表示一次性在图形窗口对象 fig 上创建 3×3 个网格，用于绘制 9 张子图，其中 subplots 函数用于绘制一组子图，它将返回两个变量，一个是 Figure 实例 fig，代表整幅图像，另一个是 AxesSubplot 实例 axs，代表坐标轴和画的子图，可以通过下标来获取需要的子区域。

- 语句 2 中的 flatten 是 NumPy 库函数，用于将 ndarray 数组的维度降到一维，且可设置参数以指定降维方向为行或列，默认为行，参数为 f 表示列方向，为 a 则表示行方向。

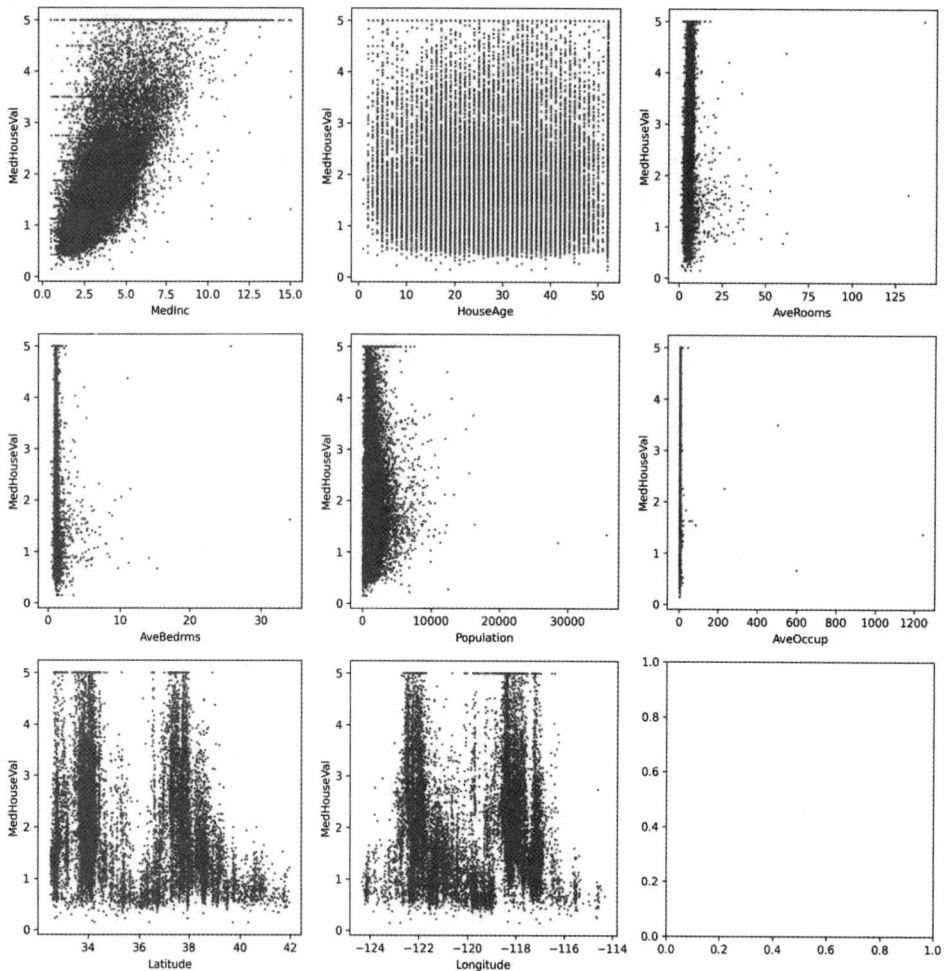

图 4-17　原数据集各特征属性与 MedHouseVal 属性的关系

（4）处理异常值。对于尚待观察的特征 AveRooms、AveBedrms、Population 和 AveOccup 中的异常值进行清洗处理，以便做进一步分析。异常值清洗处理的代码如下：

```
#定义去除异常值函数
def remove_outliers(data, col, threshold=3):
    ################
    去除指定列中的异常值，使用 3sigma 原则
    参数：
    data: pandas.DataFrame，数据集
    col: str，需要去除异常值的列名
    threshold: int，标准差的阈值，默认为 3

    返回值：
    pandas.DataFrame，去除异常值后的数据集
    ################

    #计算指定列的均值和标准差
    mean = data[col].mean()
```

```
        std = data[col].std()

        #计算异常值的阈值范围
        lower = mean - threshold * std
        upper = mean + threshold * std

        #去除异常值
        data = data[(data[col] >= lower) & (data[col] <= upper)]

        return data

#去除异常值处理
clean_list = ['AveRooms', 'AveBedrms', 'Population', 'AveOccup']
df_new = df

#遍历 clean_list 数组
for i in clean_list:
#调用 remove_outliers 函数，对第 i 个特征属性进行异常值去除处理
df_new = remove_outliers(df_new, i, 3)
```

运行上述代码，输出结果如图 4-18 所示。

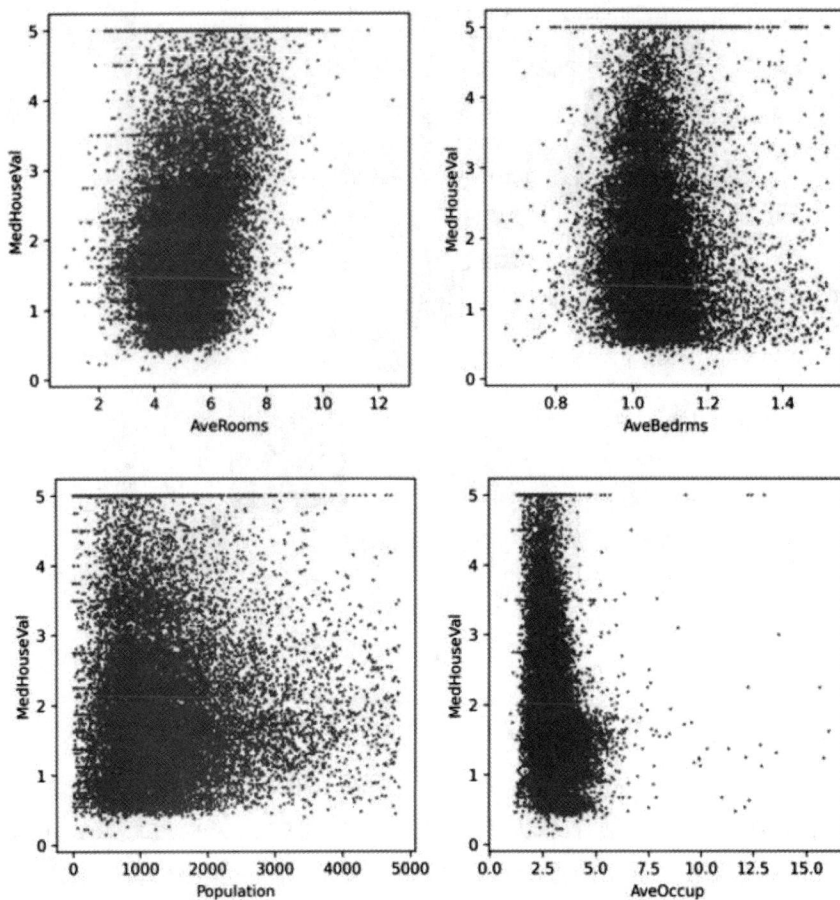

图 4-18　异常值处理后 AveRooms 等 4 个特征属性与 MedHouseVal 属性的关系

从图 4-18 中可知，AveRooms、AveOccup 与 MedHouseVal 有较为明显的线性关系。为了能够更直观地了解数据集中各特征与 MedHouseVal 之间的关系，利用 Seaborn 库提供的函数并通过绘制热力图来呈现它们之间的相关性，相应的代码如下：

```
#计算数据集中各属性间的相关性，返回矩阵结果集
corr_matrix = df_new.corr()
#定义图形窗口，设置宽和高均为 8
plt.figure(figsize=(8, 8))
#对 corr_matrix 绘制热力图，配色方案 cmap 选用 coolwarm
#设置 annot 为 True，每个单元格中写入相关性的值
#设置 square 为 True，x、y 轴方向设置相等，使每个单元格为方形
sns.heatmap(corr_matrix, cmap='coolwarm', annot=True, square=True)
#设置图形的标题
plt.title('Correlation between features and MedHouseVal')
#显示图形
plt.show()
```

运行上述代码，输出结果如图 4-19 所示。

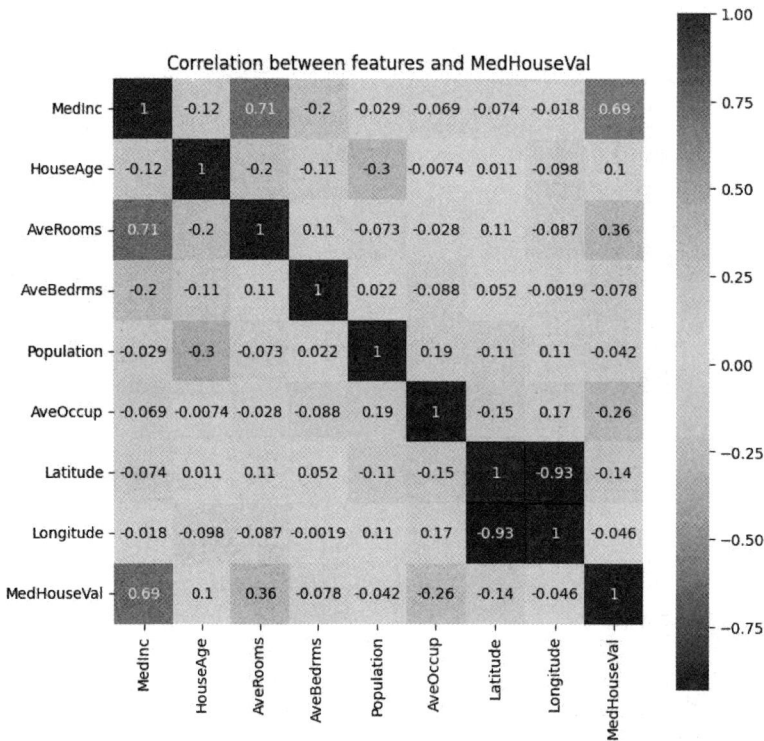

图 4-19　异常值处理后数据集各属性间的相关性热力图

运行结果分析：图 4-19 中每个单元格中的数字表示相关系数，通过观察这些数字可以了解属性间的相关性，其中的数字越大表示两个属性间的相关程度越高。将数据集中与 MedHouseVal 的相关系数大于 0.1 或小于-0.1 的特征设定为房价预测模型的输入。

代码说明：在 remove_outliers 函数的定义中，采用的是去除指定列中异常值的 3sigma 原

则，可描述为若数据服从正态分布，则异常值被定义为一组结果值中与均值的偏差超过 3 倍标准差的值。也就是说，在正态分布的假设下，距离均值 3 倍之外的值出现的概率很小，因此可认为是异常值。

（5）划分数据集。先选取与 MedHouseVal 相关性较高的属性作为房屋特征，代码如下：

```
#获取各属性与 MedHouseVal 属性的相关系数
tmp = corr_matrix['MedHouseVal']
#选择相关系数的绝对值大于 0.1 的特征属性
tmp = tmp[abs(tmp)>0.1]
tmp
```

输出结果：

```
MedInc          0.691191
HouseAge        0.101742
AveRooms        0.360896
AveOccup       -0.259548
Latitude       -0.138851
MedHouseVal     1.000000
Name: MedHouseVal, dtype: float64
```

运行结果分析：输出结果中所列出的属性，与 MedHouseVal 相关性的绝对值均大于 0.1。

然后，从 tmp 中提取房屋特征和房价标签，代码如下：

```
#获取相关系数的绝对值大于 0.1 的特征属性的标题
titles = tmp.index[::-1]
#从数据集中获取相关系数的绝对值大于 0.1 的特征属性
x = df_new[titles]
#从数据集中获取房价中位数属性
y = df_new['MedHouseVal'].values
#输出 x 和 y
x
y
```

运行上述代码，输出结果如图 4-20（a）和图 4-20（b）所示。

| | MedHouseVal | Latitude | AveOccup | AveRooms | HouseAge | MedInc |
|---|---|---|---|---|---|---|
| 0 | 4.526 | 37.88 | 2.555556 | 6.984127 | 41.0 | 8.3252 |
| 1 | 3.585 | 37.86 | 2.109842 | 6.238137 | 21.0 | 8.3014 |
| 2 | 3.521 | 37.85 | 2.802260 | 8.288136 | 52.0 | 7.2574 |
| 3 | 3.413 | 37.85 | 2.547945 | 5.817352 | 52.0 | 5.6431 |
| 4 | 3.422 | 37.85 | 2.181467 | 6.281853 | 52.0 | 3.8462 |
| ... | ... | ... | ... | ... | ... | ... |
| 20635 | 0.781 | 39.48 | 2.560606 | 5.045455 | 25.0 | 1.5603 |
| 20636 | 0.771 | 39.49 | 3.122807 | 6.114035 | 18.0 | 2.5568 |
| 20637 | 0.923 | 39.43 | 2.325635 | 5.205543 | 17.0 | 1.7000 |
| 20638 | 0.847 | 39.43 | 2.123209 | 5.329513 | 18.0 | 1.8672 |
| 20639 | 0.894 | 39.37 | 2.616981 | 5.254717 | 16.0 | 2.3886 |

19801 rows × 6 columns

```
array([4.526, 3.585, 3.521, ..., 0.923, 0.847, 0.894])
```

（a）输入数据 x                （b）目标数据 y

图 4-20　构建好的模型的输入数据和目标数据

最后，再利用 Sklearn 库中的 train_test_split 函数，进行训练集和测试集的划分处理，代码如下：

```
#导入 Sklearn 库中的 train_test_split 函数
from sklearn.model_selection import train_test_split

#划分训练集和测试集，其中测试集占比为 20%，随机数种子为 42
X_train, X_test, y_train, y_test = train_test_split(x, y, test_size=0.2, random_state=42)
```

代码说明：train_test_split 函数的作用是将数据集划分成训练集和测试集，其参数包括 x、y、test_size=None、train_size=None、random_state=None、shuffle=True、stratify=None，参数 x 和 y 分别表示样本特征和样本标签；test_size 和 train_size 分别表示测试集和训练集的占比（0.0～1.0）或是数量（整数）；random_state 表示随机数种子，选择一个固定的值（如 42、0 或 1），可以确保每次运行模型时都产生相同的训练子集和测试子集，从而能够更好地对模型进行比较和评估，如果数据集的规模足够大，则可使用默认值 None，如果数据集的规模非常小，则需要尝试不同的随机数种子值，并选择具有最佳性能的模型；shuffle 表示是否在数据集被分割前进行洗牌，打乱其顺序；stratify 用于保持分割前类的分布，当 shuffle 为 False 时，stratify 必须为 None。

（6）数据标准化。利用 Sklearn 库中的 StandardScaler 函数实现数据标准化，代码如下：

```
#导入 Sklearn 库中的 StandardScaler 函数
from sklearn.preprocessing import StandardScaler

#定义标准缩放器对象
scaler = StandardScaler()
#找出 X_train 的均值和标准差，并基于此将数据进行标准化
X_train = scaler.fit_transform(X_train)
#对于 X_test 进行标准化处理
X_test = scaler.transform(X_test)
#以 X_train 为例，查看预处理后的数据集
X_train
```

输出结果：

```
array([[-0.24645872,  0.30973629, -0.6998658 ,  0.79443098, -0.81794793],
       [-0.02833195,  0.39007398, -0.17127932, -0.18573065, -0.80853215],
       [-0.3725339 ,  0.39007398, -1.1693535 ,  0.32648678, -0.74262165],
       ...,
       [ 0.54286795,  0.63108705, -0.31289235, -0.60481763, -0.8414874 ],
       [ 0.28523832, -1.85938137, -0.9394071 , -1.03731743,  0.90984874],
       [-0.57067441, -0.73465369, -0.11015241, -0.4639826 ,  1.01813027]]])
```

运行结果分析：由输出结果可知，经过预处理后得到的 X_train 是一个 numpy.ndarray 类型的二维数组，且所有特征值的范围均为-1.0～1.0。

代码说明：数据标准化时，fit_transform 函数和 transform 函数的顺序不能颠倒，前者是 fit 和 transform 的结合，它会先找出 X_train 的均值和标准差，应用于 X_train 上，并保存于 scaler 对象中，后者直接使用同样的均值和标准差，对 X_test 进行标准化即可。

# 任务 4.2　神经网络的搭建与训练配置

## 【任务描述】

在任务 4.1 的基础上，搭建线性回归网络，并进行相应的训练配置。通过本任务的学习，能够学会使用 Torch 库搭建线性回归网络。

神经网络的搭建
与训练配置

## 【实施思路】

（1）实现网络构建：利用 Torch 库中的 nn 模块建立线性回归网络。

（2）实现训练配置：定义网络训练所需的损失函数和优化器。

## 【任务实施】

### 1. 导入库

这里需要导入 Torch 库中的 nn 模块，代码如下：

```
import torch
from torch import nn
```

代码说明：Torch 库中的 nn 模块包含了构建神经网络各种层的相关函数，如线性层 torch.nn.Linear、激活函数层 ReLU 等。

### 2. 将数据集转换为张量

由于 nn.Linear 参数是 Tensor 类型的，所以需要将数据集转换为 Tensor 对象，代码如下：

```
#语句 1：基于 X_train 创建 Tensor 对象，类型为 float32
X_train = torch.tensor(X_train).float()
#语句 2：将 y_train 转换为二维的列数为 1 的数组，并据此创建 Tensor 对象，类型为 float32
y_train = torch.tensor(y_train.reshape(-1, 1)).float()
X_test = torch.tensor(X_test).float()
y_test = torch.tensor(y_test.reshape(-1, 1)).float()

#以 X_train 为例，查看转换为张量后的数据集
X_train
```

输出结果：

```
tensor([[-0.1517, -0.8179,  0.7944, -0.6999,  0.3097, -0.2465],
        [ 0.2343, -0.8085, -0.1857, -0.1713,  0.3901, -0.0283],
        [-0.4615, -0.7426,  0.3265, -1.1694,  0.3901, -0.3725],
        ...,
        [ 0.2084, -0.8415, -0.6048, -0.3129,  0.6311,  0.5429],
        [-0.4355,  0.9098, -1.0373, -0.9394, -1.8594,  0.2852],
        [-0.8432,  1.0181, -0.4640, -0.1102, -0.7347, -0.5707]])
```

运行结果分析：从输出结果可知，转换为张量后 X_train 是一个二维张量，且所有特征属性值均为 float32 类型的数据，可以直接用于线性回归网络的搭建。

代码说明：

- 语句 1 和语句 2 用于构建训练集的输入和标签，由于 Torch 库所提供的线性模型构建函数 nn.Linear 要求其参数为二维张量，由任务 4.2 实施结果可知，X_train 是二维数组，但 y_train 是一维数组，因此，需要利用 reshape 函数将 y_train 先转换为二维数组。

- reshape 函数的作用是改变 Tensor 对象的形状，其参数为行数 m 和列数 d。

例如：

```
#创建一个一维 Tensor 对象，且元素值为 0～7，再转换为二维的 2 行 4 列的 Tensor 对象
x = torch.arange(0, 8)
y = x.reshape(2,4)
print(x)
print(y)
```

输出结果：

```
tensor([0, 1, 2, 3, 4, 5, 6, 7)          #x 的值
tensor([[0, 1, 2, 3],                    #y 的值
        [4, 5, 6, 7]])
```

reshape 函数还有两种更为常见的用法：reshape(-1, d)和 reshape(m, -1)，前者表示设定 Tensor 的列数，行数自动计算，后者则相反。

例如：

```
#将一维 Tensor 转换为二维的，且行数为 2，列数自动计算
torch.arange(0, 8).reshape(2, -1)
#将一维 Tensor 转换为二维的，且列数为 4，行数自动计算
torch.arange(0, 8).reshape(-1, 4)
```

上面两行代码同样可以得到二维的 2 行 4 列的 Tensor 对象。

3. 定义网络

利用 nn.Linear 函数定义线性网络，代码如下：

```
#语句 1 定义网络
model = nn.Linear(X_train.shape[1], 1)
#查看 model
model
```

输出结果：

```
Linear(in_features=5, out_features=1, bias=True)
```

运行结果分析：从输出结果可知，model 模型的输入有 5 个特征，输出有 1 个特征。

代码说明：语句 1 利用 nn.Linear 函数建立一个线性网络层，以替代手动方式定义和初始化模型参数 $w$ 和 $b$，以及计算 $wx+b$ 等工作，该函数的参数 in_features 表示输入特征的个数，out_features 表示输出特征的个数。另外，X_train.shape[1]表示获取 X_train 第 2 维的形状，即输入特征的个数。

4. 定义损失函数和优化器

这里的损失函数采用 MSELoss，优化器采用 Adam，相应的代码如下：

```
#定义损失函数
criterion = nn.MSELoss()
#定义优化器
optimizer = torch.optim.Adam(model.parameters(), lr=0.05)
```

代码说明：

- 损失函数 MSELoss 为平均平方误差（简称均方误差），用于计算每个预测值与真实值之差的平方和的平均值。
- 优化器 Adam 是一种常用的优化器，用于更新和计算影响网络训练和网络输出的网络参数。

# 任务 4.3　神经网络训练和模型评估

## 【任务描述】

在任务 4.2 的基础上，在训练集上完成网络的训练，并保存训练好的模型；利用测试集对模型进行评估，在测试集上使用模型进行预测。通过本任务的学习，掌握训练线性回归网络和评估线性回归模型的方法，以及保存和应用该模型的方法。

神经网络训练和
模型评估

## 【实施思路】

（1）实现网络训练：通过网络预测→计算损失→优化参数环节，在训练集中循环进行多次操作。

（2）实现模型评估：利用回归模型评估指标 r2_score，评估模型的预测准确度。

（3）实现模型部署：将训练好的模型保存到指定目录下，以便应用时调用。

（4）实现模型应用：调用模型，利用已训练好的模型在测试集上进行预测。

## 【任务实施】

1. 导入库

这里需要导入 Sklearn 库中的 r2_score 函数，代码如下：

```
from sklearn.metrics import r2_score
```

2. 训练网络

按照网络预测→计算损失→优化参数环节，定义网络训练处理流程，代码如下：

```
#定义批次数
n_epochs = 100
#在训练集上进行 n_epochs 次训练
for epoch in range(n_epochs):
    #前向传播，在训练集上进行预测
    y_pred = model(X_train)
    #根据预测结果计算损失
```

```
loss = criterion(y_pred, y_train)

#语句 1：将参数梯度置零
optimizer.zero_grad()

#反向传播，求解参数梯度
loss.backward()
#更新模型参数
optimizer.step()

#输出损失值和 R 方
if (epoch+1) % 5 == 0:
    #语句 2：计算 R 方
    r2 = r2_score(y_train.numpy(), y_pred.detach().numpy())
    print(f'Epoch {epoch+1}, training loss: {loss.item():.4f}, training R-squared: {r2:.4f}')
```

运行上述代码，输出结果如图 4-21 所示。

```
Epoch 5, training loss: 5.9384, training R-squared: -3.4479
Epoch 10, training loss: 4.5621, training R-squared: -2.4171
Epoch 15, training loss: 3.4897, training R-squared: -1.6138
Epoch 20, training loss: 2.6048, training R-squared: -0.9511
Epoch 25, training loss: 1.9084, training R-squared: -0.4294
Epoch 30, training loss: 1.3492, training R-squared: -0.0106
Epoch 35, training loss: 0.9196, training R-squared: 0.3112
Epoch 40, training loss: 0.6118, training R-squared: 0.5418
Epoch 45, training loss: 0.3866, training R-squared: 0.7104
Epoch 50, training loss: 0.2279, training R-squared: 0.8293
Epoch 55, training loss: 0.1267, training R-squared: 0.9051
Epoch 60, training loss: 0.0654, training R-squared: 0.9510
Epoch 65, training loss: 0.0311, training R-squared: 0.9767
Epoch 70, training loss: 0.0128, training R-squared: 0.9904
Epoch 75, training loss: 0.0043, training R-squared: 0.9968
Epoch 80, training loss: 0.0011, training R-squared: 0.9992
Epoch 85, training loss: 0.0001, training R-squared: 0.9999
Epoch 90, training loss: 0.0001, training R-squared: 0.9999
Epoch 95, training loss: 0.0004, training R-squared: 0.9997
Epoch 100, training loss: 0.0005, training R-squared: 0.9996
```

图 4-21  线性回归模型的训练结果

运行结果分析：从图 4-21 中可以看到，损失值逐渐变小，模型的拟合度（R 方）逐步提高，这说明模型经过 100 批次的训练，预测结果逐步趋向真实值。

代码说明：

- 由训练网络的循环语句可以了解到模型的每次训练包括前向传播、计算损失、后向传播和优化参数等环节，其中前向传播就是使用已搭建好的 $y = wx + b$ 网络进行预测处理，后向传播则是计算参数梯度的操作，梯度的计算和参数的更新是为下一次模型的训练提供新的权重 $w$ 和 $b$，因此，每次的模型训练可归纳为网络预测→计算损失→优化参数的过程。

- 语句 1 用于将参数梯度清零。之所以要清零，是因为不这样做，参数上的梯度会不断累加，将会给下一次的梯度计算造成影响。因此，每次进行梯度计算之前，需要将优化器中的参数梯度清零。

● 语句 2 利用 Sklearn 库中的 r2_score 函数计算 R 方，以衡量模型的拟合度，该函数使用均值作为误差基准，观察预测误差是否大于或小于均值基准误差，取值范围为[0,1]，越接近 1 表示模型的拟合度越高，一般大于 0.4 即可。

3. 模型部署

当得到训练好的模型后，应将其以某种格式保存，以便用户预测新数据。实际应用中，还应包括环境配置、软件安装等步骤。保存模型的代码如下：

```
torch.save(model, '../model/model-mnist.pth')
```

4. 应用模型

（1）加载模型。利用 torch.load 函数对指定目录下的模型进行加载，并设置为测试模式，代码如下：

```
#加载模型
model_1 = torch.load('../model/model-mnist.pth')
#设置测试模式
model_1.eval()
```

（2）在测试集上应用模型。在测试集上应用模型的代码如下：

```
#使用模型在测试集上进行预测
y_pred_test = model_1(X_test)
#计算损失
test_loss = criterion(y_pred_test, y_test)
#计算 R 方
r2 = r2_score(y_test.numpy(), y_pred_test.detach().numpy())
#输出损失和 R 方
print(f'Test loss: {test_loss.item():.4f}, Test R-squared: {r2:.4f}')
```

输出结果：

```
Test loss: 0.0005, Test R-squared: 0.9996
```

运行结果分析：从输出结果可知，在测试集上使用模型进行预测，其结果与训练集上的结果接近，且损失稍微偏小，R 方的差值稍微偏大，但均小于 0.1，这表明模型具有较好的泛化性能。也就是说，该模型在新的数据集上极可能有较好表现。

# 项 目 小 结

1. 人工神经元是人工神经网络的基本单元。人工神经元的总体结构包含两部分模型：第一部分是线性模型，第二部分是非线性模型。

2. 单层感知机模型是由一个多输入的人工神经元构成的。多层感知机是最重要的神经网络模型，它是由多个单层感知机首尾相接组成的。

3. 深度学习的工作流程包括数据加载、数据预处理、构建神经网络、训练配置、训练网络、模型评估，以及模型保存与调用。

# 课 后 练 习

项目 4　课后练习答案

## 一、简答题

1．简述单层感知机和多层感知机的区别。

2．简述深度学习的工作流程。

## 二、实操题

利用 Torch 库的 Linear 网络模型，实现线性回归模型的搭建和训练。

# 项目 5　基于 LetNet-5 实现图像分类

## 【项目导读】

　　深度神经网络是由多层神经网络组成的，每一层神经元都要和上层及下层神经元两两互连形成全连接结构。全连接结构会使权值数量急剧增加，导致神经网络训练过程的计算量暴增。例如，处理一张大小为 10×10 的图片，图片为三通道 RGB，假设隐藏层的节点数为 1000 个，则全连接网络模型的权值参数有 3×10×10×1000=300000 个，这还没有考虑偏置项。为了减少深度神经网络模型的参数，卷积神经网络（Convolutional Neural Networks，CNN）应运而生。

　　目前，卷积神经网络已被广泛应用于计算机视觉和自然语言处理等领域。视觉图像分析是卷积神经网络最常应用的领域，而图像增广技术是提高视觉图像分析模型预测能力的有效措施。此外，为了能够判别模型预测能力的优与劣，还需要了解欠拟合和过拟合现象，以及相应的解决方法。

　　本项目的要求是根据 MNIST 手写数字数据集对其中的手写字体进行分析，实现对手写数字所表达的含义的识别。

　　MNIST 数据集源于美国国家标准与技术研究院，是著名的公开数据集之一，数据集中的数字图片是由 250 个不同职业的人纯手写绘制，并被分成了训练子集和测试子集。由于手写数字对应的标签是 0~9，也就是说标签个数是有限的，因此，它是一个监督学习的分类问题。本项目将采用 LetNet-5 来搭建卷积神经网络，利用训练得到的模型实现对手写数字的识别处理。本项目将通过以下 3 个任务完成：

　　（1）数据准备。
　　（2）卷积神经网络的搭建与训练配置。
　　（3）卷积神经网络训练和模型验证。

## 【项目基础知识】

## 5.1　了解卷积神经网络

本节将介绍卷积神经网络结构中各层次的构造和作用，以及卷积操作和池化层的工作原理。

### 5.1.1　卷积神经网络的结构

　　卷积神经网络是一类包含卷积计算且具有深度结构的前馈神经网络，是深度学习的代表算法之一。卷积神经网络仿造生物的视觉和知觉机制来构建，可以用来执行监督学习和非监督学习任务。卷积神经网络与普通神经网络的结构非常相似，它们都由多层神经元组成，每个神经元都具有权重参数 $w$ 和偏置参数 $b$。每个神经元将接收的输入做点积计算再输出。卷积神经网络的基本结构如图 5-1 所示。

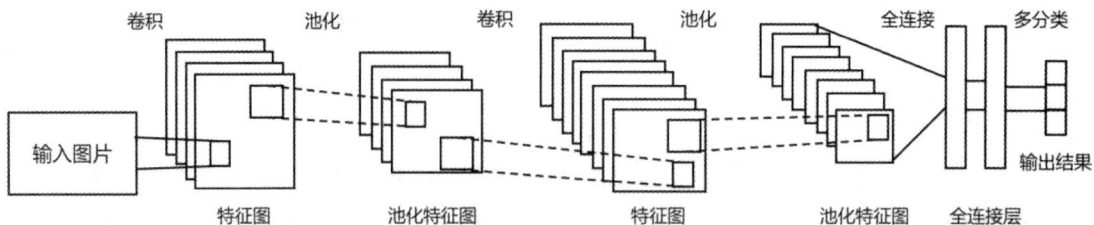

图 5-1　卷积神经网络的基本结构

在图 5-1 中，利用卷积神经网络对给定的输入图片进行判别，并输出判别结果。最左边是数据的输入层，用于输入图片数据。在输入层中会对数据做一些预处理工作，例如将输入数据的各个维度都归一化、标准化等。数据经过输入层输入后，再经过卷积层、池化层和全连接层等其他网络层级处理后，最终在最右边输出判别结果。

卷积神经网的络结构主要分为输入层、卷积层、池化层和全连接层等。下面对网络结构各层级做简单介绍。

1. 输入层

输入层是整个神经网络的输入，在处理图像的卷积神经网络中，它一般代表了一张图片的像素矩阵。例如在图 5-1 中，输入图片为彩色图片，假设大小为 28 像素×28 像素，则输入矩阵的维度为 $(28, 28, 3)$。其中，前两个元素为矩阵的长和宽，表示图像的大小，最后一个元素为矩阵的深度，表示图像的色彩通道。如果输入图片为黑白图片，则深度为 1；如果为彩色图片，则深度为 3。当数据被输入时，卷积神经网络通过不同的神经网络结构不断地将上一层的三维矩阵转化为下一层的三维矩阵，直到最后在全连接层输出。

2. 卷积层

顾名思义，一个卷积神经网络中最重要的部分就是卷积层。卷积层的作用就是从图像中提取出特征矩阵，以增强原始图片的有效特征，并且降低干扰噪声。卷积层可以有多层，数据每进行一次卷积计算，特征被有效提取一次。与传统的全连接层不同，卷积层中的每一个节点的输入只是上一层神经网络中的部分节点的输出，数量一般为 3×3 或 5×5，称为局部连接。局部连接如图 5-2 所示。

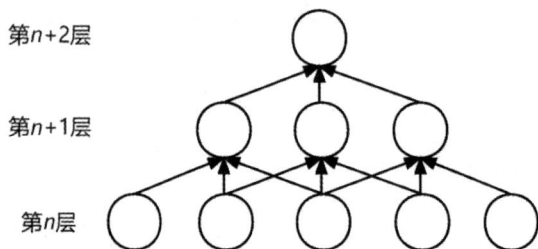

图 5-2　局部连接

在图 5-2 中，第 $n+1$ 层的每个节点只与第 $n$ 层的 3 个节点相连接，而不是 5 个。如果与第 $n$ 层的 5 个节点相连，每条连接都有一个权值 $w$，则有 15 个权值参数，而现在只有 9 个权值参数，参数的数量减少了。同样地，第 $n+2$ 层与第 $n+1$ 层之间也采用了局部连接方式，参数的数量也减少了。

在处理图像时，图像中某区域像素之间的相关性与像素之间的距离有关，距离较近的像素间相关性强，距离较远的像素间的相关性较弱。那么就可以先通过局部连接方式将图像信息分成很多小部分处理，再将这些小部分的处理结果汇总以计算整幅图像的处理结果。同时局部连接的方式也能够减少参数数量，加快模型训练速度，也在一定程度上减少了过拟合现象（详见 5.3 节）。

除局部连接之外，卷积层还采用权值共享机制来减少参数数量。权值共享机制就是将部分神经元组成一组，组内所有神经元统一使用相同的权值处理数据，该组中共享权值的神经元也被称为卷积核。同一个卷积核内部各神经元的权值一样。在图 5-2 中，需要 9 个权值参数，如果采用权值共享机制，将 3 个神经元划分为一个卷积核，那么权值参数只有 3 个。局部连接和权值共享的组合使用，使卷积神经网络的训练参数大大减少，降低了深度学习的实现门槛。

卷积层的结果都是线性操作，但是实际样本不一定是线性可分的，为了解决这个问题，就必须引入激活函数。加入了激活函数之后，深度神经网络才具备了解决非线性问题的能力。常用的激活函数有 Sigmoid 函数、tanh 函数、ReLU 函数及其改进函数等。

### 3. 池化层

池化即下采样，目的是减少特征矩阵的尺寸，去除特征矩阵中的次要特征和干扰信息，进一步暴露主要特征，实现特征降维。池化操作对于每个卷积后的特征矩阵是独立进行的，一般每进行 1～2 次卷积就池化一次，池化窗口规模一般为 2×2。池化会改变特征矩阵的长度和宽度，但不会改变特征矩阵的深度。池化进一步缩小了后续全连接层中神经元节点的个数，从而减少整个神经网络中的参数，一定程度上可避免出现过拟合现象。

### 4. 全连接层

卷积层和池化层实现了图像的特征提取和降维。在经过多轮卷积层和池化层处理之后可以认为图像中的信息已被抽象成了信息含量更高的主要特征。在提取完所有特征之后，还需要使用全连接层将提取到的所有特征整合成一个值。因为很多事务可能都有同一类特征，例如猫、狗、鸟都有眼睛，如果只用局部特征，则不足以确定具体类别。这时就需要使用全连接层组合特征来判别。一般来说，在卷积神经网络的最后会使用 1～2 个全连接层来汇总出最后的分类结果。如果是多分类场景，最后一层全连接层通常为 Softmax 函数层。

## 5.1.2　卷积操作工作原理

卷积操作是将图像矩阵和卷积核矩阵对应位置元素相乘再求和的一种线性计算。每进行一次卷积计算后，数据窗口不断平移滑动，直到计算完所有数据。假设有如图 5-3 所示的原始数据和卷积核函数，默认平移滑动步长为 1。

原始数据　　　　卷积核函数

$$2\ 8\ 9\ 1\ 4$$
$$1\ 2\ 8\ 3\ 8$$
$$7\ 7\ 2\ 9\ 5$$
$$5\ 4\ 4\ 8\ 1$$
$$3\ 5\ 3\ 6\ 2$$

$$1\ 0\ 2$$
$$1\ 0\ 1$$
$$3\ 0\ 0$$

图 5-3　卷积过程 1

第 1 次卷积时，使用右边的卷积核函数对原始数据左上角虚线内的 9 个数据进行卷积计算，对应位置相乘再求和得到 50，即

$2×1+8×0+9×2+1×1+2×0+8×1+7×3+7×0+2×0=50$

计算完毕后将卷积核函数向右移动一个位置，进行卷积计算得到 36，即

$8×1+9×0+1×2+2×1+8×0+3×1+7×3+2×0+9×0=36$

再次将卷积核函数向右移动一个位置，进行卷积计算得到 39，即

$9×1+1×0+4×2+8×1+3×0+8×1+2×3+9×0+5×0=39$

至此第 1 行数据的卷积计算全部完毕，卷积后的第 1 行数据为(50,36,39)。将卷积核函数移到第 2 行，继续从左向右滑依次进行卷积操作，如图 5-4 所示。

原始数据　　　卷积核函数

$$2\ 8\ 9\ 1\ 4$$
$$1\ 2\ 8\ 3\ 8$$
$$7\ 7\ 2\ 9\ 5$$
$$5\ 4\ 4\ 8\ 1$$
$$3\ 5\ 3\ 6\ 2$$

$$1\ 0\ 2$$
$$1\ 0\ 1$$
$$3\ 0\ 0$$

图 5-4　卷积过程 2

卷积操作结果如下，卷积后的第 2 行数据为(41,36,43)。

$1×1+2×0+8×2+7×1+7×0+2×1+5×3+4×0+4×0=41$

$2×1+8×0+3×2+7×1+2×0+9×1+4×3+4×0+8×0=36$

$8×1+3×0+8×2+2×1+9×0+5×1+4×3+8×0+1×0=43$

将卷积核函数移到第 3 行，继续从左向右滑依次进行卷积操作，如图 5-5 所示。

原始数据　　　卷积核函数

$$2\ 8\ 9\ 1\ 4$$
$$1\ 2\ 8\ 3\ 8$$
$$7\ 7\ 2\ 9\ 5$$
$$5\ 4\ 4\ 8\ 1$$
$$3\ 5\ 3\ 6\ 2$$

$$1\ 0\ 2$$
$$1\ 0\ 1$$
$$3\ 0\ 0$$

图 5-5　卷积过程 3

卷积操作结果如下，卷积后的第 3 行数据为(29,52,26)。

7×1+7×0+2×2+5×1+4×0+4×1+3×3+5×0+3×0=29

7×1+2×0+9×2+4×1+4×0+8×1+5×3+3×0+6×0=52

2×1+9×0+5×2+4×1+8×0+1×1+3×3+6×0+2×0=26

至此，卷积核函数已移动到最后一行了，结束卷积操作。最终的卷积结果为

50 36 39

41 36 43

29 52 26

如果处理的是有多个通道的彩色图片，则卷积原理和单通道卷积相同，先对每个通道按单通道计算，然后把对应位置的值相加。

上述案例中的平移滑动步长为 1，但是实际使用中，为了减少卷积时间，平移滑动步长往往不为 1，一般小于或等于卷积核函数列数，步长太长会丢失部分特征。假设上述案例中设定的步长为 2。由于卷积核函数的列数为 3，所以在第二次向右平移时会出现数据列不够的情况，如图 5-6 所示。

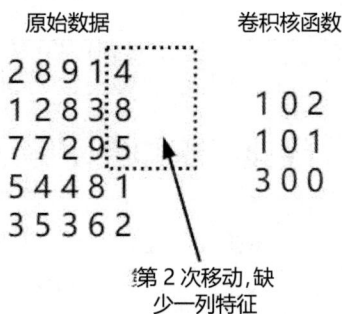

图 5-6  卷积过程

解决方案是在原始数据外围边缘补充若干个 0，以便卷积核函数从初始位置以步长为单位可以刚好滑到末尾位置。如图 5-7 所示，在原始数据外围补充一圈 0，正好可以满足卷积计算时卷积核函数横向和纵向都平移 3 次。

图 5-7  补 0 填充原始数据

### 5.1.3 池化层工作原理

池化层的作用就是对卷积层提取的特征进行降维处理，把主要特征暴露出来，去除次要特征和噪声。简单来说，池化就是在某区域上指定一个值来代表整个区域。根据指定值的不同，池化的方式主要分为平均值池化、最大值池化等。池化操作有 2 个超参数：池化窗口大小和池化步长，类似于卷积操作的卷积核大小和平移滑动步长。某种程度上来说，池化操作也可以看作一种卷积操作。图 5-8 展示了某特征矩阵用平均值池化和最大值池化的结果。

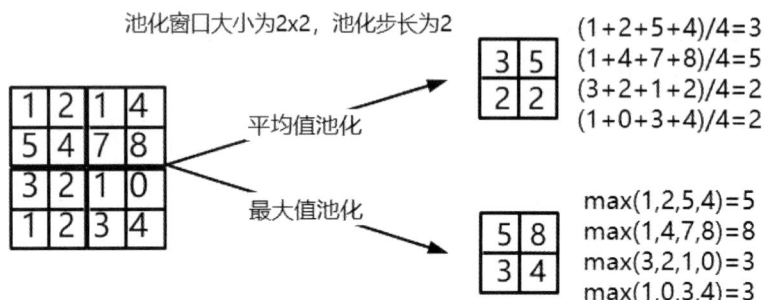

图 5-8　平均值池化和最大值池化结果

## 5.2　经典卷积神经网络结构

在对卷积神经网络结构有了基本认识后，下面将介绍目前常见的卷积神经网络 LetNet-5、AlexNet、VGGNet、GoogLetNet 和 ResNet 的结构特点和适用场景。

### 5.2.1　LetNet-5

LetNet-5 是最早发布的卷积神经网络之一。LenNet-5 的结构较为简单，整个网络共有 7 层（不包括输入层），每层都包含不同数量的训练参数，主要包括 2 层卷积层、2 层池化层和 3 层全连接层，这里最后一层是输出层。图 5-9 展示了 LetNet-5 网络的结构。

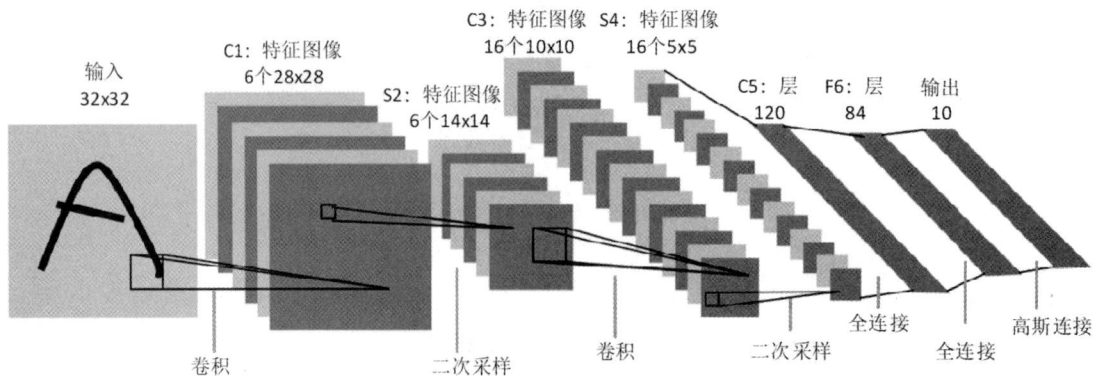

图 5-9　LetNet-5 网络的结构

LetNet-5 主要应用于手写数字识别。受制于当时的数据规模和硬件运算速度，LetNet-5 在处理其他复杂问题时，表现差强人意。因此，在处理较多数据时人们还是会选择一些经典的机器学习方法。LetNet-5 虽然简单，但其包含了卷积神经网络的基本要素。后续发展起来的卷积网络也大致遵循这一原则，先对图像进行多层卷积和池化操作，再在结尾部分使用全连接层分类。

### 5.2.2 AlexNet

2012 年，Alex 等人提出的 AlexNet 网络在 ImageNet 大赛上以远超第 2 名的成绩夺冠，使卷积神经网络重新引起了人们广泛的关注。AlexNet 网络使用了 ImageNet 数据集对网络进行了训练，该数据集包含超过 1500 万幅带注释的图像，这些图像分属 22000 多个类别。AlexNet 网络的结构如图 5-10 所示，包含 5 层卷积层、3 层全连接层和一个 Softmax 输出层。

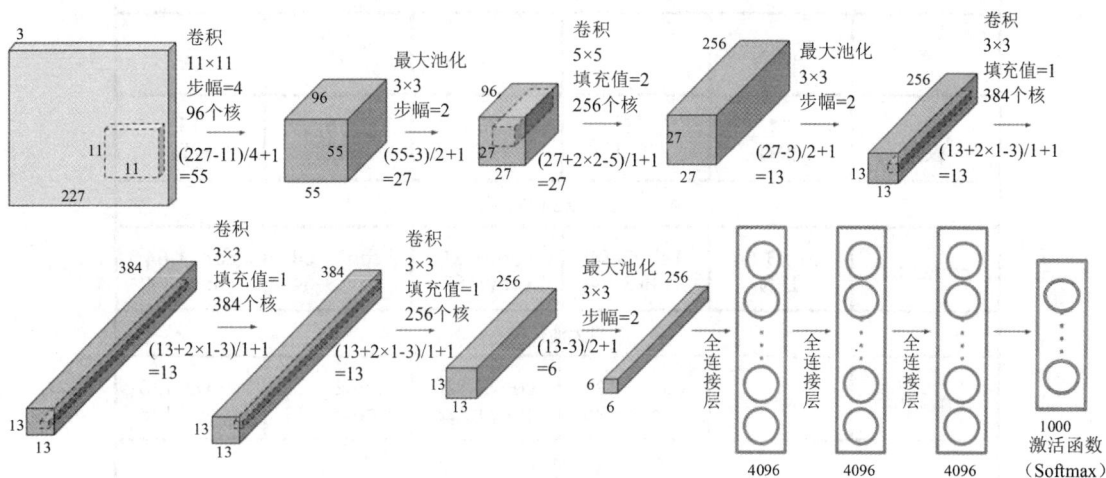

图 5-10 AlexNet 网络的结构

AlexNet 网络在 LeNet 网络的基础上进一步加深了网络结构，使网络能够学习更丰富、更高维的图像特征。AlexNet 网络有以下特点：

（1）AlexNet 网络能够利用多个 GPU 强大的并行计算能力，处理神经网络训练时大量的矩阵运算。例如，采用了双 GPU 的方式分别加载卷积核，如果每个 GPU 加载了 48 个卷积核，那么一共就有 2×48=96 个卷积核并行计算。

（2）AlexNet 网络在全连接层上使用了 dropout 的方式，减小了过拟合出现的可能性。所谓 dropout，就是在全连接层的前一层故意忽略掉某些神经元，让它们在本次训练过程中失效。这样训练时不必所有神经元参与，可以减少训练的参数数量，同时减少过拟合现象。

（3）AlexNet 网络使用了新的激活函数 ReLU。RelU 激活函数比传统的激活函数 Sigmoid 和 tanh 训练速度更快。

（4）AlexNet 网络使用了随机裁剪、翻转、平移和颜色光照变换等数据增强技术，减少了过拟合现象。神经网络由于训练的参数多，所以训练时需要比较多的数据量，否则很容易出现过拟合现象。当训练数据有限时，可以通过一些变换从已有的训练集中生成一些新的数据，以快速扩充原有训练数据的数据量，这就是数据增强技术。

### 5.2.3  VGGNet

2014 年，牛津大学计算机视觉组（Visual Geometry Group）和 Google DeepMind 公司一起研发了一款新的卷积神经网络，并命名为 VGGNet。VGGNet 是比 AlexNet 网络更深的深度卷积神经网络，该模型获得了 2014 年 ImageNet 大赛的第 2 名。VGGNet 网络与 AlexNet 网络的结构类似，但网络深度更深，形式也更简单，训练速度也更快。VGGNet 由 5 层卷积层、3 层全连接层和 1 层 Softmax 输出层构成，层与层之间使用 maxpooling（最大化池层）分开，所有隐藏层的激活单元都采用 ReLU 函数。VGGNet 有 A、ALRN、B、C、D、E 共 6 种网络结构，如图 5-11 所示。

| VGGNet | | | | | |
|---|---|---|---|---|---|
| A | ALRN | B | C | D | E |
| 11<br>权重 | 11<br>权重 | 13<br>权重 | 16<br>权重 | 16<br>权重 | 19<br>权重 |
| 输入（224x224 RGB图片） | | | | | |
| conv3-64 | conv3-64<br>LRN | conv3-64<br>conv3-64 | conv3-64<br>conv3-64 | conv3-64<br>conv3-64 | conv3-64<br>conv3-64 |
| 最大池化层 | | | | | |
| conv3-128 | conv3-128 | conv3-128<br>conv3-128 | conv3-128<br>conv3-128 | conv3-128<br>conv3-128 | conv3-128<br>conv3-128 |
| 最大池化层 | | | | | |
| conv3-256<br>conv3-256 | conv3-256<br>conv3-256 | conv3-256<br>conv3-256 | conv3-256<br>conv3-256<br>conv3-256 | conv3-256<br>conv3-256<br>conv3-256 | conv3-256<br>conv3-256<br>conv3-256<br>conv3-256 |
| 最大池化层 | | | | | |
| conv3-512<br>conv3-512 | conv3-512<br>conv3-512 | conv3-512<br>conv3-512 | conv3-512<br>conv3-512<br>conv3-512 | conv3-512<br>conv3-512<br>conv3-512 | conv3-512<br>conv3-512<br>conv3-512<br>conv3-512 |
| 最大池化层 | | | | | |
| conv3-512<br>conv3-512 | conv3-512<br>conv3-512 | conv3-512<br>conv3-512 | conv3-512<br>conv3-512<br>conv3-512 | conv3-512<br>conv3-512<br>conv3-512 | conv3-512<br>conv3-512<br>conv3-512<br>conv3-512 |
| 最大池化层 | | | | | |
| 全连接层—4095（FC-4095） | | | | | |
| 全连接层—4095（FC-4095） | | | | | |
| 全连接层—1000（FC-1000） | | | | | |
| 激活函数（Softmax） | | | | | |

图 5-11  VGGNet 的 6 种网络结构

这 6 种网络结构相似，都是由 5 层卷积层、3 层全连接层组成，区别在于每层卷积层的子层数量不同，从 A 至 E 依次增加，总的网络深度从 11 层到 19 层。其中，最著名的就是 VGGNet16 网络。VGGNet16 网络的结构如图 5-12 所示。

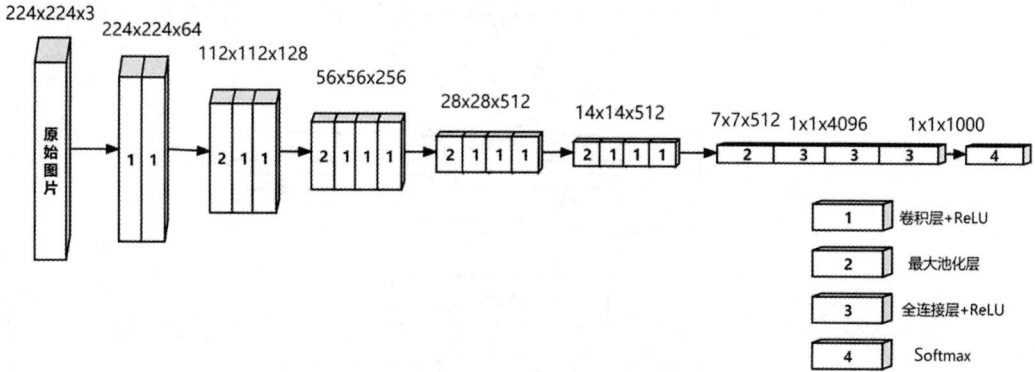

图 5-12　VGGNet16 网络的结构

VGGNet16 总共包含 16 层子层，第 1 层卷积层由 2 层卷积子层组成，第 2 层卷积层由 2 层卷积子层组成，第 3 层卷积层由 3 层卷积子层组成，第 4 层卷积层由 3 层卷积子层组成，第 5 层卷积层由 3 层卷积子层组成，加上 3 层全连接层总共 16 层，这也就是 VGGNet16 名称的由来。

### 5.2.4　GoogLeNet

GoogLeNet 是 2014 年由克里斯蒂安·塞格迪（Christian Szegedy）提出的一种全新的深度学习结构。在 2014 年 ILSVRC 中，GoogLeNet 是排名第 1 的算法。深度神经网络往往通过增大网络的深度以获得更好的训练效果，但层数的增加也会带来很多负作用，这也是 AlexNet、VGGNet 等深层次神经网络结构不可避免的。GoogLeNet 提出了 Inception 网络结构，即通过构造一种"基础神经元"结构，来搭建一个稀疏、高计算性能的网络结构，有效避免了深层次神经网络带来的过拟合和难以计算等训练问题。Inception 网络结构如图 5-13 所示。

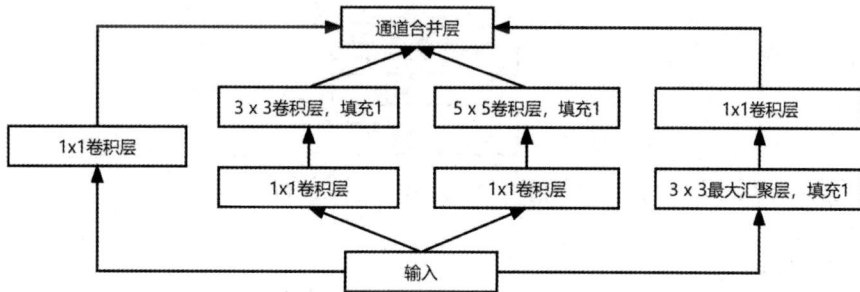

图 5-13　Inception 网络结构

该结构将输入分成 4 条路线，在各自的路线上进行相应操作之后将 4 个不同的输出在通道维上叠加，作为整个结构的输出。该结构的优势在于，与只用一个卷积核相比，使用不同路线上不同大小的卷积核提取特征，可以得到同一图像中不同尺寸上的特征，从而提取到的特征信息更多样，更全面。

整个 GoogLeNet 网络的结构如图 5-14 所示。其网络内部就是由多个 Inception 模块组合而成的，在网络的最后使用全局平均汇聚层代替了一层全连接层，以减少参数的数量。

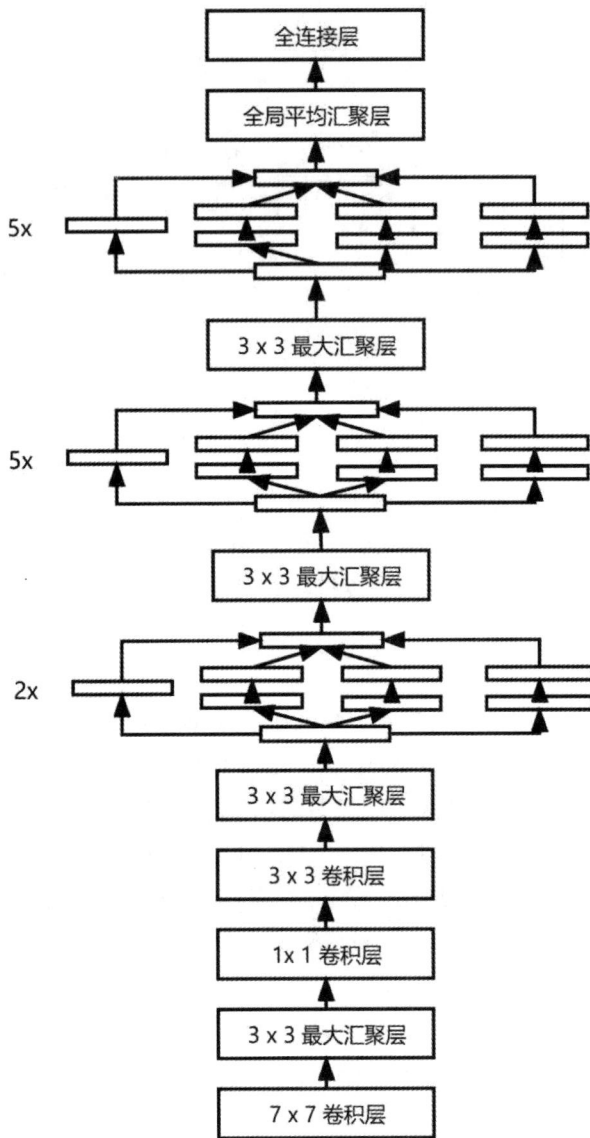

图 5-14　GoogLeNet 网络的结构

### 5.2.5　ResNet

理论上网络越深，模型能获取的信息越多，获取的特征也越丰富。但实验表明，随着网络的加深，优化效果反而越差，模型的准确率反而降低了。这是由于网络的加深会造成梯度爆炸和梯度消失等问题。这使人们不能再随意通过增加深度神经网络的深度来提升预测性能。2015 年，微软亚洲研究院的学者们提出了 ResNet，其缓解了深度神经网络随深度的扩展而产生的梯度消失或爆炸等问题，从而能够训练更深的深度神经网络。ResNet 是一种残差网络，可以把它理解为一个子网络，这个子网络经过堆叠可以构成一个很深的深度神经网络。ResNet 残差网络的结构如图 5-15 所示。

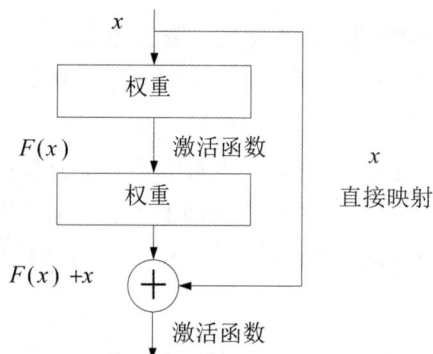

图 5-15  ResNet 残差网络结构

残差网络将 $F(x)$ 与输入 $x$ 相加后送入激活函数。这有什么好处呢？因为有时图片经过卷积进行特征提取，得到的结果反而没有之前的好，那么传递给下一层网络的输入就和真实特征相差较大，影响后续网络层级的训练，随着网络层级的增加，这种现象会越发严重。

这好比一个多人传话游戏，假设有 A、B 和 C 三个人，每个传话人都相当于一层神经元，传话顺序为 A→B→C，如果 B 只理解部分 A 的信息，那么传给 C 的信息将会失真，随着传话的人员越来越多，信息失真会越来越严重。如果在 B 传给 C 的过程中将 B 理解到的部分信息（可以看作 $F(x)$）和 A 的原始信息（可以看作输入 $x$）重新添加进来（即 $F(x)+x$），那么对于 C 来说，同时接收到了 A 的原始信息和 B 理解的信息后，C 理解起来会更容易。且无论中间有多少人传话，由于每次传递都加入了原始信息，所以信息失真也不会随人员的增多而越来越严重，这就是残差网络的实现原理。

目前，通过堆叠残差网络生成的深度神经网络，其深度可以达到 152 层，成为名副其实的深度网络。

# 5.3  欠拟合和过拟合

当深度学习网络训练完成得到模型后，需要使用模型对测试集进行预测，以验证其性能是否达到要求，如果未达标就需要调整参数或更换模型。欠拟合和过拟合是模型性能未达标时所出现的两种异常状态。本节将介绍欠拟合和过拟合的具体表现和形成原因，以及避免这类情况发生的解决方法。

## 5.3.1  欠拟合和过拟合的概念

一个模型能够用于实际场景必须通过训练和测试两个过程。在网络训练过程中，欠拟合和过拟合是网络训练的两种异常状态。欠拟合是由于网络训练不足，造成训练完毕后得到的模型误差很大，例如在训练集上，模型分类准确率只有 50%，这种情况下的模型是不可用的，只能重新训练网络。过拟合是指模型在训练时误差较小,但在测试时误差较大,即泛化能力差,例如在训练集上,模型分类准确率可以达到 99%,但是在测试数据上进行分类测试后,其准确率却只有 50%。

图 5-16 所示为一个二分类问题的训练结果,图 5-16(a)为模型的欠拟合情况,可以看到模型的分类函数接近一条直线,没有充分学习到样本特征,因此,靠近分类函数线附近的样本大多没有被正确分类,发生了欠拟合。图 5-16(b)相对合理,分类函数为一条平滑的曲线,样本基本分类正确,只是在分类函数线附近对少数噪声样本分类错误,能够拟合数据整体趋势。图 5-16(c)为模型的过拟合情况,分类函数线过于复杂,虽然将所有样本都正确分类了,但是将噪声数据也考虑进去作为数据的整体趋势学习,并没有真正学习到数据的整体规律,在预测未知样本时,往往性能很差。

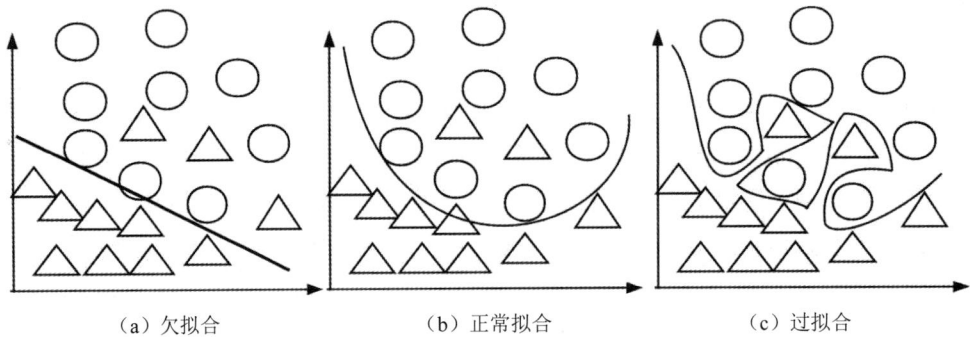

| (a)欠拟合 | (b)正常拟合 | (c)过拟合 |

图 5-16　网络训练完毕后得到模型的 3 种情况

一个合格的模型应当同时具备良好的学习能力和泛化能力。如果出现欠拟合,说明当前模型的学习能力较弱,模型结构过于简单,不能很好地学习到数据中的规律。如果出现过拟合,说明当前模型的学习能力较强,但是泛化能力较弱,能够很好地学习到数据中的规律,但学得太死板,不能很好地举一反三。例如一个手写数字识别分类任务,模型已经学习到了数字 2 的特征,能够识别出训练集中的各种数字 2。但是如果给定一个和训练集相比有微小差别的数字 2,这个数字 2 的字号可能比训练集大一些或线条粗一些或形状不是很规范等,这些情况下模型就不能正确识别出数字 2,只有和训练数据中完全相同的数字 2 才能被识别出来,这样的模型就属于学习能力强而泛化能力弱的模型。

### 5.3.2　欠拟合和过拟合的解决方法

欠拟合形成的原因主要是模型结构过于简单、数据集特征不明显等,解决方法比较简单,可以通过调整模型的超参数、更换模型和增加有效特征等方法解决。过拟合形成的原因主要是训练数据太少导致模型过于复杂,训练和测试数据分布不一致导致模型不具有普适性。过拟合的解决方法相对复杂一些,除增加训练数据外,其他常用的解决方法还有正则化法和丢弃法。

#### 1. 正则化法

正则化法通过对输入的特征数据进行权重衰减,来降低模型复杂度,缓解过拟合问题。正则化法分为两种,分别是 L1 正则和 L2 正则。L1 正则通过将一部分次要特征的权重变为 0,

实现特征选择，从而降低整个特征的维度和模型复杂度，缓解过拟合问题。L2 正则通过减小次要特征的权重，使模型平滑化，从而降低模型复杂度，缓解过拟合问题。很多深度学习模型都可以设定正则化超参数，正则化超参数的取值范围在 0～1 之间。当其值为 0 时，模型不正则化，容易产生过拟合；当值为 1 时，模型完全正则化，容易产生欠拟合。一般训练开始时不要将正则化参数设置得过大，以便模型能够充分学习，如果训练完毕后模型的精度达标，测试时精度大幅下降，则逐渐加大正则化值至接近 1。

### 2. 丢弃法

丢弃法就是在网络训练时，主动、随机丢弃神经网络中的某些神经元，从而避免模型过度依赖所有神经元导致出现过拟合问题。很多深度学习模型都可以设定超参数 dropout 指定丢弃神经元的比例，dropout 的取值范围在 0～1 之间。当其值为 0 时，不丢弃任何神经元，容易产生过拟合；当值为 1 时，丢弃全部神经元，容易产生欠拟合；当值为 0.5 时，模型能够较好地兼顾学习能力和泛化能力。一般情况下，在网络训练开始时，不要将 dropout 设置得过大，以便网络能够充分学习，如果网络训练完毕后得到的模型精度达标，而测试时精度大幅下降，则逐渐加大 dropout 至 0.5 左右。

# 5.4 图 像 增 广

本节将介绍图像增广的意义及其常用的实现方法，并通过案例演示具体的实现过程。

## 5.4.1 图像增广的意义

图像增广是指通过对训练集中的图像做一系列随机改变，来产生相似但又不同的训练样本，从而扩大训练集的规模。实际项目中，所采集到的图像有可能存在场景单一，图像重复的问题，需要通过特定的处理让训练图像具有多样性，以提高模型的泛化效果。例如，通过对图像进行不同方式的裁剪和变换，使目标物体出现在不同位置，以减弱模型对目标物体出现位置的依赖性。

常用的图像增广方法有以下四种。

（1）翻转。将原图进行水平翻转，垂直翻转，上、下平移等变换，作为新图像。

（2）旋转。将原图按照一定角度旋转，作为新图像。常取的旋转角度为 -30°、-15°、15°、30°等。

（3）尺度变换。将图像分辨率变为原图的 0.8、0.9、1.1、1.2 等，作为新图像。

（4）色彩抖动。在图像原有的像素值分布中加入轻微噪声，作为新图像。

需要说明的是，图像增广是为了帮助模型更好地学习数据集的各种特征，以避免因过拟合而导致模型在新数据上表现差的问题，因此，图像增广只在训练集上进行。

## 5.4.2 图像增广的实现

Torchvision 是 PyTorch 提供的一个图形库，主要用来构建计算机视觉模型。其中 torchvision.transforms 模块用于常见的图形变换，它包括以下三个部分。

（1）torchvision.datasets。包含加载数据的函数及常用的数据集接口。

（2）torchvision.models。包含常用的网络结构及对应的预训练好的权重，如 AlexNet、VGG 和 ResNet 等。

（3）torchvision.transforms。包含常用的图像变换操作，如裁剪、旋转等。

下面通过一个例子，来介绍如何利用 torchvision.transforms 模块中的相关函数，对图像进行常见的变换操作，代码如下：

```
import PIL
import PIL.Image as Image
import torchvision
from torchvision import transforms as transforms

#读取图像
image_path = '../data/test/cat.jpg'
#返回 PIL.Image 对象
image = Image.open(image_path)
#查看图像尺寸
print(im.size)

#中心裁剪
CenterCrop = transforms.CenterCrop(size=(300, 300))
cropped_image= CenterCrop(image)
cropped_image.save('../data/test/'+ 'center_cropped_image.jpg')

#随机裁剪
RandomCrop = transforms.RandomCrop(size=(200, 200))
random_cropped_imagee = RandomCrop(image)
random_cropped_image.save('../data/test/'+ 'random_cropped_image.jpg')

#指定长宽比
Resize = transforms.Resize(size=(100, 150))
resized_image = Resize(image)
resized_image.save('../data/test/'+ 'resized_image.jpg')

#随机翻转
RandomRotate = transforms.RandomRotation(degrees=(10, 80))
random_rotate_image = RandomRotate(image)
random_rotate_image.save('../data/test/'+ 'random_rotate_image.jpg')

#概率为 0.7 的灰度化
gray_image = transforms.RandomGrayscale(p=0.7)(image)
gray_image.save('../data/test/'+ 'gray_image.jpg')
```

运行上述代码，运行结果如图 5-17 所示。

（a）原图　　　　　　　　（b）中心裁剪　　　　　　　　（c）随机裁剪

（d）指定长宽比　　　　　　（e）随机翻转　　　　　（f）概率为 0.7 的灰度化

图 5-17　利用 torchvision.transforms 模块实现的图像变换效果

运行结果分析：程序首先从指定目录下读取文件，输出图像尺寸为 1280×781，之后依次进行中心裁剪、随机裁剪、指定长宽比、随机翻转和概率为 0.7 的灰度化变换处理，并分别保存为新的文件。

代码说明：

- Torchvision 库在对图像进行处理时，需要使用 PIL 的 Image 类。图像增广处理过程中，输入图像和输出图像都应是 PIL 格式。
- 如果需要对于图像同时进行多种变换，则可利用 Torchvision 库的 Compose 函数进行图像增广操作的设置，其参数为变换项数组。

例如：在当前例子中，加入以下代码段：

```
#定义一个图像增广器，依次进行指定长宽比和概率为 0.7 的灰度化处理
torchvision.transforms.Compose([
                transforms.Resize(size=(100, 150)),
                transforms.RandomGrayscale(p=0.7)
                ])
#对 image 进行组合变换
comp_image = tran(image)
#保存变换后的图像
comp_image.save('../data/test/' + 'comp_image.jpg')
```

从上述代码的运行结果会发现，处理后图像的尺寸变为 150×100，同时颜色发生了灰度变化。

【项目实施】

# 任务5.1  数据准备

数据准备

## 【任务描述】

本任务要求了解 MNIST 数据集的手写数字图像特征，完成对数据的预处理。通过本任务的学习，能够学会图像数据特征观察、图像标准化处理和图像增广技术应用的方法。

## 【实施思路】

（1）实现数据读取和预处理：利用 Torch 库的 MNIST 函数获取其内置数据集，同时进行数据预处理，包括标准化处理、划分训练集和测试集，以及图像增广处理。

（2）实现数据加载：使用 Torch 库的 DataLoader 函数对数据进行加载。

## 【任务实施】

1. 导入库

这里需要导入的库有 Torchvision、Matplotlib、NumPy 和 Torch，其中 Torchvision 用于数据集的读取和加载，Matplotlib 用于绘制图形，NumPy 用于处理数组，Torch 用于网络的构建与训练。导入库的代码如下：

```
import torchvision
from torchvision import datasets, transforms
import torch
from torch.utils.data import DataLoader
import matplotlib.pyplot as plt
import numpy as np
import torch
import torch.nn as nn
```

2. 数据预处理

PyTorch 的 torchvision.datasets 模块中内置了多个数据集。通过 torchvision.datasets.MNIST 函数，可以读取其中的 MNIST 数据集，并已划分了训练集和测试集。该函数还提供了一些参数，可用于对数据集进行预处理，包括归一化、标准化或图像增广等操作。MNIST 数据集预处理的代码如下：

```
#获取 MNIST 数据集中的训练集，对其进行归一化、标准化和图像增广
train_ds = torchvision.datasets.MNIST(
            '../data/',
            train=True,
            download=True,
            transform=transforms.Compose([
                    transforms.ToTensor(),
```

```
                        transforms.Normalize((0.1307,), (0.3081,)),
                        transforms.RandomRotation(degrees=(-60, 60))
            ]))

#获取 MNIST 数据集中的测试集，对其进行归一化、标准化
test_ds = torchvision.datasets.MNIST(
            '../data/',
            train=False,
            download=True
            transform=transforms.Compose([
                        transforms.ToTensor(),
                        transforms.Normalize((0.1307,), (0.3081,))
            ]))


#设置每批次（Batch）样本中的数据个数
BATCH_SIZE=512

#通过 DataLoader 函数对数据集进行加载，并将其划分为若干个批次
train_loader = DataLoader(train_ds,
                batch_size=BATCH_SIZE,
                    shuffle=True)
test_loader = DataLoader(test_ds,
                batch_size=batch)
```

代码说明：

- torchvision.datasets.MNIST 函数用于加载 Torchvision 库的内置 MNIST 数据集，函数参数主要有 root、train、download 和 transform，其中 root 表示数据集根目录路径名，也可直接写路径名；train 表示是否下载训练子集，如果为 True，则表示将下载训练子集，否则下载测试子集；download 表示是否从互联网下载，如果为 True，则表示将从互联网下载数据集并保存到根目录下，否则直接从根目录加载；transform 用于接收 PIL 格式图片，进行变换后并返回新的图像。

- 对 RGB 图像而言，其数据范围为[0, 255]，需先经过 torchvision.transforms.ToTensor 函数除以 255 归一化到[0, 1]，再通过 torchvision.transforms.Normalize 函数计算过后，将数据归一化到[-1, 1]，以加快模型的收敛速度。其中 torchvision.transforms.ToTensor 函数的作用是对数据进行预处理，常用于处理图像数据，且处理对象是 PIL Image 和 numpy.ndarray 类型，该函数处理的内容包括将输入转换为 Tensor 对象；将常用的图片形状[高, 宽, 通道数]规范为[通道数, 高, 宽]，即从[height, width, channels]转换为[channels, height, width]；将图像像素的取值范围规范为[0, 1]。而 torchvision.transforms.Normalize 函数用于对数据按通道进行标准化，即减去均值，再除以方差，语句 transforms.Normalize((0.1307,), (0.3081,))中，0.1307 和 0.3081 是 MNIST 数据集的均值和标准差，由于其中均为灰度图，对应图像通道数只有一个，因此，均值和标准差各一个，并由数据集提供方给出。

- 在加载训练集时，transforms.Compose 函数定义了一组图像变换操作，顺序执行 ToTensor、Normalize 和 RandomRotation 操作；在加载测试集时，也同样定义了一组图像变换操作，但不包含图像增广。

- torch.utils.data.DataLoader 函数用于对数据集进行加载和批次划分，并可提供多线程处理数据集。该函数的参数主要有 dataset、shuffle 和 batch_size，其中 dataset 表示要加载的数据集；shuffle 表示是否需要乱序读取数据，当设置为 True 时，表示要实现乱序，这样可避免模型以固定次序去读取数据，即模型不会以某个固定排列去学习，但对于测试集可不做此项设置，以节省计算资源；batch_size 用于设置每批样本的数据个数，由于完整数据集通常很庞大，无法一次性放入内存，为此，将数据集划分成若干批样本，每批次为 batch_size 个数据，逐批次来进行训练，从而获得较稳定的训练结果。

3. 观察数据

通过查看数据集的大小、图像尺寸等信息，了解数据集中训练集和测试集的规模、图像的维度和形状特征，以及预处理前、后的图像变化等内容，代码如下：

```
#查看训练集的大小
len(train_ds)
#查看测试集的大小
len(test_ds)

#获取一幅图像数据
print("原始图像：")
#读取图像数据中的图像和标签
image, label = train_ds[0]
#查看当前图像的 Tensor 对象的形状
print("torch 图像数据形状：", image.shape)
#当前图像对应的标签
print("torch 图像数据标签：", label)

print("\n 单通道原始图像：")
#将 Tensor 对象转换为 ndarray
npimg= image.numpy()
#根据 plt.imshow 要求进行维度转换
image = np.transpose(npimg, (1,2,0))
print("numpy 图像数据形状：", image.shape)
print("numpy 图像数据标签：", label)

#绘制图像
plt.imshow(image)
#显示图像
plt.show()
```

输出结果：

| | |
|---|---|
| 60000 | #训练集的大小 |
| 10000 | #测试集的大小 |

原始图像：

| | |
|---|---|
| torch 图像数据形状：torch.Size([1, 32, 32]) | #1 张 channels 为 1 的 32×32 的图片 |
| torch 图像数据标签：5 | #图像对应的标签为数字 5 |

单通道原始图像：

| | |
|---|---|
| numpy image shape: (32, 32) | #1 张去掉 channels 的 32×32 的图片 |
| numpy 图像数据标签：5 | #图像对应的标签为数字 5 |

运行上述代码后，所绘制出的图像如图 5-18（a）所示。

运行结果分析：从输出结果可知，该数据集包含 60000 条训练集数据、10000 条测试集数据，每条数据包含两个元素，第 1 个元素为 PIL.Image 类型的图像 image，表示手写数字图像；第 2 个元素是整型的标签 label，表示该图像所代表的数字。每幅手写数字图像的形状是[1,28, 28]，即一个三维数组，每幅手写数字图像包含 1×28×28 个属性列。channels 为 1，表示图像为灰度图。数据在加载时，对训练子集的数据做了图像旋转的增广处理，从图 5-18（a）中可看到经过旋转处理的效果，而图 5-18（b）是未做旋转处理时的结果，通过两图对比可知，处理后的图像向左旋转了 30°。

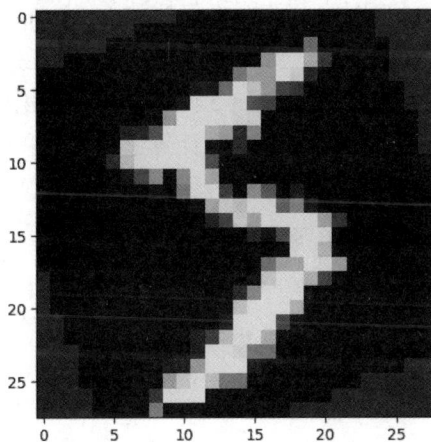

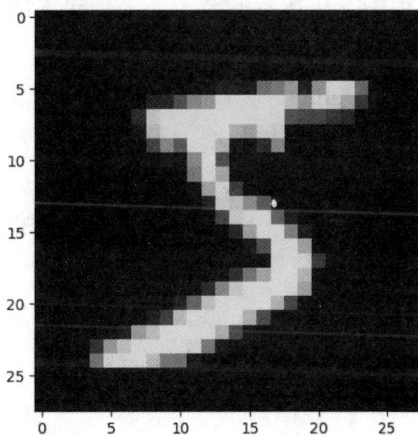

（a）旋转处理后　　　　　　　　　　　　　　（b）未做旋转处理

图 5-18　利用 torchvision.transforms 模块实现的图像变换效果

代码说明：

- plt.imshow 函数的作用是绘制图像，其参数类型要求是图像形状为[channels, height, width]，plt.show 函数负责将 plt.imshow 函数所绘制的图像显示到屏幕上。

- 由于数据集中的图像形状为[height, width, channels]，为了满足 plt.imshow 函数对参数的要求，首先通过 image.numpy 函数将 Tensor 类型的图像数据转换为 numpy 的 ndarray，再利用 np.transpose(npimg, (1,2,0))函数，将图像格式序号 0，1，2 转换为 1，2，0，即变成了[channels, height, width]。

# 任务 5.2　卷积神经网络的搭建与训练配置

**【任务描述】**

在任务 5.1 的基础上,采用 LetNet-5 构建卷积神网络,并进行相应的训练配置,包括设备配置、损失函数和优化器。通过本任务的学习进一步理解 LetNet-5 网络结构,能够学会搭建 LetNet-5 网络,以及配置相适配的损失函数和优化器。

卷积神经网络的
搭建与训练配置

**【实施思路】**

(1)实现网络构建:确定 LetNet-5 网络的结构,使用 Torch 库的 nn.Model 类定义 LetNet-5 网络。

(2)实现训练配置:设置训练所用的设备配置,定义损失函数和优化器。

**【任务实施】**

1. 确定 LetNet-5 网络的结构

采用图 5-9 所示的结构,来构建本项目的 LetNet-5 网络。该网络包括输入(Input)层、卷积(C1)层、池化(S2)层、卷积(C3)层、池化(S4)层、全连接(C5)层、全连接(F6)层和输出(Output)层。需要说明的是,其中输入层不被计入 LetNet-5 网络结构;卷积层和池化层可作为一个整体考虑,即卷积操作包括卷积和下采样两个步骤,其计算过程为卷积→下采样→激活。通常,除输出层采用 Softmax 作为激活函数外,其他层均采用 ReLU。

(1)Input 层。Input 层要求输入图像的大小统一规范化为 1×32×32。

(2)C1 层。

1)输入图像大小:通道数×高×宽=1×32×32。

2)输入通道数(in_channels):1。

3)卷积核大小(kernel_size):5×5。

4)输出通道数(out_channels):6。

5)输出图像(特征图片)大小:经过第 1 次卷积运算(32-5+1, 32-5+1)=(28, 28),图像尺寸变为 6×28×28。

(3)S2 层。

1)输入图像大小:通道数×高×宽= 6×28×28。

2)采样区域(kernel_size):2×2。

3)采样种类:6。

4)输出图像(特征图片)大小:经过池化运算(28/2, 28/2)=(14, 14),图像尺寸变为 6×14×14。

(4)C3 层。

1)输入图像大小:通道数×高×宽= 6×14×14。

2）卷积核大小（kernel_size）：5×5。

3）输出通道数（out_channels）：16。

4）输出图像（特征图片）大小：经过第 2 次卷积运算(14-5+1, 14-5+1)=(10, 10)，图像尺寸变为 16×10×10。

（5）S4 层。

1）输入图像大小：16×10×10。

2）采样区域（kernel_size）：2×2。

3）采样种类：16。

4）输出图像（特征图片）大小：经过第 2 次池化运算(10/2, 10/2)=(5, 5)，图像尺寸变为 16×5×5。

（6）C5 层。

1）输入（in_features）：图像的特征个数为 16×5×5。

2）输出（out_features）：120 个二维张量。

（7）F6 层。

1）输入（in_features）：120 个二维张量。

2）输出（out_features）：84 个二维张量。

（8）Output 层。

1）输入（in_features）：84 个二维张量。

2）输出（out_features）：10 个二维张量，对应范围为[0, 9]整数的可能值，即标签 0～9。

2．定义 LetNet-5 网络

（1）定义 LetNet-5 网络类。通过继承 nn.Module 类来定义 LetNet-5 网络类，类名为 LeNet5，代码如下：

```python
class LeNet5(nn.Module):
    #构造方法初始化
    def __init__(self):
        #调用父类构造方法
        super().__init__()
        #定义 C1 层——卷积层
        self.conv1 = nn.Conv2d(in_channels=1, out_channels=6, kernel_size=(5,5))
        #定义 S2 层——池化层
        self.maxpool1 = nn.MaxPool2d(kernel_size=(2,2))
        #定义 C3 层——卷积层
        self.conv2 = nn.Conv2d(in_channels=6, out_channels=16, kernel_size=(5,5))
        #定义 S4 层——池化层
        self.maxpool2 = nn.MaxPool2d(kernel_size=(2,2))
        #定义 C5 层——全连接层
        self.fc1 = nn.Linear(16*5*5, 120)
        #定义 F6 层——全连接层
        self.fc2 = nn.Linear(120, 84)
        #定义 Output 层——全连接层
```

```
        self.fc3 = nn.Linear(84, 10)
        #利用 nn.Module 内置激活函数 ReLU 定义 ReLU 层
        self.relu = nn.ReLU()
        #利用 nn.Module 内置激活函数 LogSoftmax 定义 Softmax 层
        self.softmax= nn.LogSoftmax(dim=1)


    #定义前向传播的计算过程
    def forward(self, x):
        #C1 层：调用 conv1 函数，对输入进行卷积操作
        x = self.conv1(x)
        #S2 层：调用 maxpool1 函数，对 C1 卷积层做下采样处理
        x = self.maxpool1(x)
        #调用 relu 函数，对 S2 层的结果进行激活处理
        x = self.relu(x)
        #C3 层：调用 conv2 函数，以 S2 层的结果作为输入，进行卷积操作
        x = self.conv2(x)
        #S4 层：调用 maxpool2 函数，对 C3 卷积层做下采样处理
        x = self.maxpool2(x)
        #调用 relu 函数，对 S4 层的结果进行激活处理
        x = self.relu(x)
        #将 S4 层输出的二维图像转换为一维，即对其进行展平操作
        x = torch.flatten(x, 1)
        #C5 层：调用 fc1 函数，以 S4 层的结果作为输入，进行线性处理
        x = self.fc1(x)
        #调用 relu 函数，对 C5 层的结果进行激活处理
        x = self.relu(x)
        #F6 层：调用 fc2 函数，以 C5 层的结果作为输入，进行线性处理
        x = self.fc2(x)
        #调用 relu 函数，对 F6 层的结果进行激活处理
        x = self.relu(x)
        #Output 层：调用 fc3 函数，以 F6 层的结果作为输入，进行线性处理
        x = self.fc3(x)
        #调用 LogSoftmax 函数，对 Output 层的结果进行激活处理
        #以确定当前图像是 0～9 的每个数的概率
        output = self.softmax(x)


    return output
```

代码说明：

● PyTorch 中一切自定义操作基本上都是通过继承 nn.Module 类来实现的，如自定义层、自定义块、自定义模型等，都是通过继承 nn.Module 类完成的，了解这一点是很重要的。这里创建了一个自定义的网络结构的类 LeNet5，它需继承自 nn.Module 类，且需要重新实现 __init__ 构造函数和 forward 函数方法。一般情况下，将网络中具有可学习参数的层放在构造函数中，如全连接层、卷积层等；而将无可学习参数的层放在构造函数中，如 ReLU、Sigmoid 和 Softmax 等，也可以放在 forward 函数方法中，如果选择后者，则可利用 nn.functional 模块中的相关函数来代替。

- 如果将 ReLU 和 Softmax 层放到 forward 函数方法中，则需使用 nn.functional 模块中的 F.relu 函数和 F.log_softmax 函数来分别替换 nn.ReLU 和 nn.LogSoftmax，修改后的 LeNet5 类代码如下：

```
#导入 Torch 库.nn.functional 模块
import torch.nn.functional as F
#定义 LetNet-5 网络类
class LeNet5(nn.Module):
    def __init__(self):
        super().__init__()
        self.conv1 = nn.Conv2d(1, 6, 5)
        self.conv2 = nn.Conv2d(6, 16, 5)
        self.fc1 = nn.Linear(16 * 5 * 5, 120)
        self.fc2 = nn.Linear(120, 84)
        self.fc3 = nn.Linear(84, 10)

    def forward(self, x):
        #C1 层卷积操作+S2 层池化操作+ReLU 激活处理
        x = F.relu(F.max_pool2d(self.conv1(x), (2, 2)))
        #C3 层卷积操作+S4 层池化操作+ReLU 激活处理
        x = F.relu(F.max_pool2d(self.conv2(x), 2))
        x = torch.flatten(x, 1)
        #C5 层全连接操作+ReLU 激活处理
        x = F.relu(self.fc1(x))
        #F6 层全连接操作+ReLU 激活处理
        x = F.relu(self.fc2(x))
        #Output 层全连接操作
        x = self.fc3(x)
        #Softmax 激活处理
        x = F.log_softmax(x, dim=1)
        return x
```

- 在网络定义中，是先进行池化操作再做激活处理的，如果将两者顺序进行调换，效果是一样的，但先对卷积层做下采样，会减少激活函数处理时的消耗，因此，先池化后激活能够提高效率。
- nn.Conv2d 函数的作用是进行卷积运算，其主要参数有 in_channels（输入的通道数）、out_channels（输出的通道数）、kernel_size（卷积核的大小）、stride（卷积核移动的步长）、padding（图像填充行列数），代码中只使用了 in_channels、out_channels 和 kernel_size，由于卷积核通常使用的左、右数相同，因此，kernel_size 参数既可以写成(5, 5)，也可以写成 5，另外两个参数将在后面案例中会用到。
- nn.MaxPool2d 函数的作用是进行池化运算，其主要参数是 kernel_size（采样区域的大小）。

（2）创建 LeNet5 类的实例。LeNet5 类实例化的代码如下：

```
#指定模型或数据所使用的设备配置（CPU 或 GPU）
DEVICE = torch.device('cuda' if torch.cuda.is_available() else 'cpu')
#创建 LeNet5 类的实例
model = LeNet5()
#将 model 加载到设备配置 DEVICE 上
model = model.to(DEVICE)
#输出网络结构
model
```

运行以上代码，输出结果如图 5-19 所示。

```
LeNet5(
  (conv1): Conv2d(1, 6, kernel_size=(5, 5), stride=(1, 1))
  (maxpool1): MaxPool2d(kernel_size=2, stride=2, padding=0, dilation=1, ceil_mode=False)
  (conv2): Conv2d(6, 16, kernel_size=(5, 5), stride=(1, 1))
  (maxpool2): MaxPool2d(kernel_size=2, stride=2, padding=0, dilation=1, ceil_mode=False)
  (fc1): Linear(in_features=400, out_features=120, bias=True)
  (fc2): Linear(in_features=120, out_features=84, bias=True)
  (fc3): Linear(in_features=84, out_features=10, bias=True)
  (relu): ReLU()
  (softmax): LogSoftmax(dim=1)
)
```

图 5-19    LeNet5 类的实例的网络结构

运行结果分析：从图 5-19 中可知，所定义的 LeNet5 实例的网络结构包括 conv1、maxpool1、conv2、maxpool2、fc1、fc2、fc3、relu 和 softmax 层，且各层中相关的参数与前面定义的网络结构是一一对应的。

代码说明：第 1 行语句定义了所需要使用的设备配置，其中语句'cuda' if torch.cuda.is_available() else 'cpu'用于判断当前计算机的 GPU 配置是否可用，如果可用，则使用 GPU，否则使用 CPU，使用 GPU 会有效加快运算的速度。

3．训练配置

这里的训练配置包括定义损失函数、优化器，代码如下：

```
#导入 Torch 库的 optim
import torch.optim as optim

#定义损失函数
loss_fn=nn.NLLLoss()

#定义 Adam 优化器
optimizer = optim.Adam(model.parameters())
```

代码说明：optim.Adam 函数的作用是定义 Adam 优化器，其常用参数有 params 和 lr，其中 params 表示传入优化器的模型参数，通过 model.parameters 函数可得到要更新的模型参数；lr 是学习率，默认值为 0.001。

# 任务 5.3　卷积神经网络训练和模型验证

## 【任务描述】

在任务 5.2 的基础上，对训练集进行网络训练，在测试集上进行验证以评估模型，并使用真实数据应用该模型。通过本任务的学习，能够学会对 LetNet-5 网络进行训练、验证，并能够评估模型和应用模型。

卷积神经网络训练和模型验证

## 【实施思路】

（1）实现网络训练：通过网络预测→计算损失→优化参数等环节，在训练集中循环多次操作。

（2）实现模型评估：利用测试集对已训练好的模型进行预测，评估模型的优劣程度。

（3）实现模型的保存和应用：在指定目录下保存训练好的模型，使用模型预测真实手写数字图像。

## 【任务实施】

### 1. 定义训练网络函数

以函数形式定义在训练集上的训练过程，函数名为 train，代码如下：

```python
def train(model, device, train_loader, optimizer, loss_fn, epoch):
    #设置为训练模式
    model.train()

    #获取总的批次数
    total_batchs = len(train_loader)
    #获取总的样本数
    total_datas = len(train_loader.dataset)

    #初始化正确数、损失值
    correct = 0.0
    train_loss = 0.0

#enumerate 函数用来迭代已加载的数据集，并获取数据和数据下标
    #每次循环处理一个批次的样本
    for i, data in enumerate(train_loader):
        inputs, labels = data
        #把数据加载到 device 上
        inputs, labels = inputs.to(device), labels.to(device)

        #初始化网络参数的梯度为 0
        optimizer.zero_grad()
```

```
#前向传播，使用网络进行预测
outputs = model(inputs)
#计算损失
loss = loss_fn(outputs, labels)
#反向传播，计算网络参数的梯度
loss.backward()
#更新网络参数
optimizer.step()

#设置禁用梯度计算
with torch.no_grad():
    #获取最大概率的预测结果，dim=1 表示获取列下标
    predict = outputs.argmax(dim=1)
    #累计每个 Batch 的正确数
    correct += (predict == labels).sum().item()
    #累计每个 Batch 的损失值
    train_loss += loss.item()
    #每训练一个 Batch 的 30%时，打印当前 Batch 的损失值
    if (i+1)%30 == 0:
        print('Train Epoch: {} [{}/{} ({:.0f}%)] \t Loss: {:.6f}%'.
            format(
                epoch,
                i * len(data[0]), total_datas,
                100. * i / total_batchs,
                loss.item())))

#计算一次训练过程（Epoch）的正确率
correct /= total_datas
#计算一次 Epoch 的损失值
train_loss /= total_batchs
#返回一次 Epoch 的损失值和正确率
return train_loss, correct
```

2. 定义验证模型函数

以函数形式定义在测试集上的验证过程，函数名为 test，代码如下：

```
def test(model, device, test_loader, loss_fn, epoch):
    #设置测试模式
    model.eval()

    #获取总的批次数
    total_batchs = len(test_loader)
    #获取总的样本数
    total_datas = len(test_loader.dataset)

    #初始化正确数、损失值
    correct = 0.0
```

```
#total = 0
test_loss = 0.0
#设置禁用梯度计算
with torch.no_grad():
    for input, label in test_loader:
        input, label = input.to(device), label.to(device)
        output = model(input)
        test_loss += loss_fn(output, label).item()
        predict = output.argmax(dim=1)
        correct += (predict == label).sum().item()


    #计算一次 Epoch 的损失值
    test_loss /= len(test_loader)
    #计算一次 Epoch 的正确率
    correct /= len(test_loader.dataset)
    #打印一次 Epoch 的损失值和正确率
    print('\nTest set: Average loss: {:.4f}, Accuracy: {}/{} ({:.0f}%)\n'.format(
        test_loss,
        correct, total_datas,
        100.* correct))
```

```
#返回一次 Epoch 的损失值和正确率
return test_loss, correct
```

### 3. 训练网络

先对训练过程的一些参数进行初始化，再调用 train 函数在训练集上训练，调用 test 函数在测试集上验证，反复多次进行训练和验证，从而得到一个训练好的 LetNet-5 模型。训练网络的代码如下：

```
#设置总的训练批次
EPOCHS = 20
#初始化训练集的正确率
train_acc = []
#初始化训练集的损失值
train_loss = []
#初始化测试集的正确率
test_acc = []
#初始化测试集的损失值
test_loss = []
#对 LetNet-5 网络进行 EPOCHS 次训练
for epoch in range(1, EPOCHS + 1):
    #调用训练函数，对训练集进行训练，返回其损失值和正确数
    epoch_train_loss, epoch_train_acc = train(model, DEVICE, train_loader, optimizer, loss_fn, epoch)
    #调用测试函数，对测试集进行验证，返回其损失值和正确率
    epoch_test_loss, epoch_test_acc = test(model, DEVICE, test_loader, loss_fn, epoch)
    #将训练集的损失值加入 train_loss 数组
```

```
train_loss.append(epoch_train_loss)
#将训练集的正确率加入 train_acc 数组
train_acc.append(epoch_train_acc)
#将测试集的损失值加入 test_loss 数组
test_loss.append(epoch_test_loss)
#将测试集的正确率加入 test_acc 数组
test_acc.append(epoch_test_acc)
```

运行上述代码，输出结果如图 5-20 所示。

```
Train Epoch: 18 [14848/60000 (25%)]        Loss: 0.034792%
Train Epoch: 18 [30208/60000 (50%)]        Loss: 0.085453%
Train Epoch: 18 [45568/60000 (75%)]        Loss: 0.042714%

Test set: Average loss: 0.0321, Accuracy: 0.9891/10000 (99%)

Train Epoch: 19 [14848/60000 (25%)]        Loss: 0.026393%
Train Epoch: 19 [30208/60000 (50%)]        Loss: 0.058156%
Train Epoch: 19 [45568/60000 (75%)]        Loss: 0.020744%

Test set: Average loss: 0.0322, Accuracy: 0.9887/10000 (99%)

Train Epoch: 20 [14848/60000 (25%)]        Loss: 0.014941%
Train Epoch: 20 [30208/60000 (50%)]        Loss: 0.044409%
Train Epoch: 20 [45568/60000 (75%)]        Loss: 0.050597%

Test set: Average loss: 0.0339, Accuracy: 0.9888/10000 (99%)
```

图 5-20  LetNet-5 网络训练 EPOCHS 次后的损失值和正确率

从图 5-20 中可以看到，最后一次测试的损失值为 0.0339，正确率为 99%。为了更好地呈现整个训练过程中损失值和正确率的变化，下面利用 matplotlib.pyplot 模块绘制这两个指标的变化曲线，代码如下：

```
#导入 Matplotlib 库的 pyplot 模块
import matplotlib.pyplot as plt

#以训练次数序号为 x 轴，损失值为 y 轴绘制散点图
plt.plot(range(EPOCHS), train_loss, label='train_loss')
#以测试次数序号为 x 轴，损失值为 y 轴绘制散点图
plt.plot(range(EPOCHS), test_loss, label='test_loss')
plt.legend()

#以训练次数序号为 x 轴，正确率为 y 轴绘制散点图
plt.plot(range(EPOCHS), train_acc, label='train_acc')
#以测试次数序号为 x 轴，正确率为 y 轴绘制散点图
plt.plot(range(EPOCHS), test_acc, label='test_acc')
plt.legend()
```

运行以上代码，输出结果如图 5-21 所示。

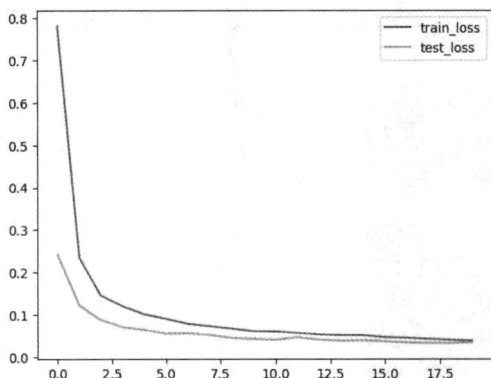

（a）LetNet-5 模型的损失值　　　　　　　　（b）LetNet-5 模型的正确率

图 5-21　LetNet-5 模型的损失值和正确率变化曲线

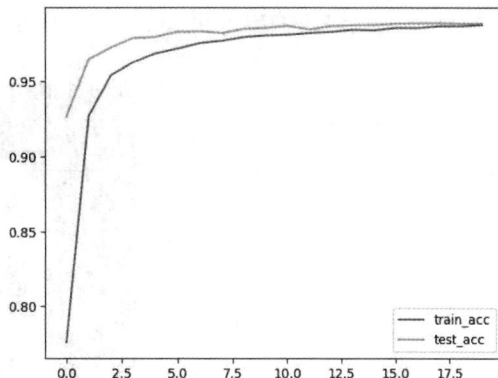

运行结果分析：由图 5-21 可知，在训练过程中，模型的损失值不断变小，并在 EPOCH 为 10 时，开始趋于稳定，而模型的正确率则不断变大，并在 EPOCH 为 10 时，开始趋于稳定，最终正确率达到 99%，说明模型的性能是非常好的。

4. 保存模型

将训练好的模型，以文件形式保存到指定目录下，代码如下：

```
torch.save(model, '../model/model-mnist.pth')
```

代码说明：torch.save 函数用于将模型以文件形式保存到指定目录下，模型文件的扩展名为.pth。

5. 应用模型

从 MNIST 数据集外选择一幅手写数字图像，利用 model-mnist.pth 中的模型来预测对应的标签。

（1）首先，加载一幅手写数字图像，代码如下：

```
#导入 PIL 库
import PIL
import PIL.Image as Image
#获取测试图片文件的路径
path='../data/images/test_mnist.jpg'
#利用 PIL.Image 读取图片
img = Image.open(path)
#设置图像变换操作
tran = transforms.Compose([
                transforms.Resize((32,32)),
                transforms.ToTensor(),
                transforms.Normalize((0.1307,), (0.3081,))
        ])
#绘制图像
plt.imshow(img, cmap = 'gray')
plt.axis('off')
plt.show()
```

运行以上代码，输出结果如图 5-22 所示，可以看到测试用的图片是手写数字 9。

图 5-22　测试用的图片

（2）从指定目录加载模型，对手写数字图像进行预测，代码如下：

```
#设置设备配置
device = torch.device('cuda' if torch.cuda.is_available() else 'cpu')
#加载模型
model = torch.load('../model/model-mnist.pth')
#将网络加载到 device 上
model = model.to(device)
#设置测试模式
model.eval()

#将彩色图像转换为灰度图像
img = img.convert("L")
#语句 1：对图像进行预处理
img = tran(img)
#语句 2：将图像加载到 device 上
img = img.to(device)
#改变图像的形状为四维
img = img.unsqueeze(0)

#调用模型进行预测
output = model(img)
#获取预测值
predict = output.argmax(dim=1)
#输出预测值
print("预测类别：",predict.item())
```

输出结果：

```
预测类别：9
```

运行结果分析：由输出结果可知，所构建的 LetNet-5 模型能够准确预测出手写数字图像对应的标签。

代码说明：由于图像经过预处理（语句 1）后，其形状变为[channels, height, width]，而在卷积神经网络中，一次要对一组 $n$ 幅图像进行并行处理，即要求的图像形状为[n, channels, height, width]，因此，需要通过 unsqueeze(0)函数将原有三维图像转换为四维图像（语句 2），转换后的图像形状为[1, channels, height, width]。

# 项 目 小 结

1．卷积神经网络是一类包含卷积计算且具有深度结构的前馈神经网络，是深度学习的代表算法之一。卷积神经网络的结构主要分为输入层、卷积层、池化层和全连接层等。

2．卷积层的作用就是从图像中提取出特征矩阵，以增强原始图片的有效特征，并且降低干扰噪声。

3．池化层的作用就是对卷积层提取的特征进行降维处理，把主要特征暴露出来，去除次要特征和噪声。

4．在网络训练过程中，欠拟合和过拟合是网络训练的两种异常状态。欠拟合是由于网络训练不足，造成训练完毕后得到的模型误差很大，这种情况下的模型是不可用的，只能重新训练网络。过拟合是指模型在训练时误差较小，但在测试时误差较大，即泛化能力差。

5．图像增广是指通过对训练集中的图像做一系列随机改变，来产生相似但又不同的训练样本，从而扩大训练集的规模。

# 课 后 练 习

项目 5　课后练习答案

## 一、简答题

1．简述卷积层和池化层的作用。

2．简述欠拟合和过拟合产生的原因，以及解决方法。

## 二、实操题

参考任务 5.1～任务 5.3，使用 LetNet-5 实现手写数字图像分类模型的搭建和训练。

# 项目 6  基于 LSTM 实现股票价格预测

## 【项目导读】

通过前面的学习，了解到在深度学习中，卷积神经网络具有广泛的应用场景，但是有一些场景是卷积神经网络不能解决的。例如在文本分析场景中，要自动补全句子"我是中国人，我的母语是＿＿＿"中的横线内容。由于横线上的内容和之前的内容是相关的，依赖前面的文本信息。而在卷积神经网络模型中，输入和输出之间是完全独立的，不存在关联。同时文字数据的长度不固定，也很难直接拆分成一个个维度统一的样本来通过卷积神经网络训练。由此产生了循环神经网络（Recurrent Neural Network，RNN）。循环神经网络引入"记忆"功能，会记忆之前的信息，并利用之前的信息影响后面节点的输出。目前循环神经网络已广泛应用于自然语言处理领域，包括语音识别、文本分析、机器翻译和行为认知等，也被用于各类时间序列预测。

本项目的要求是根据沪深 300 指数数据集，对股票价格历史数据进行分析，通过股票价格历史数据的相关特征，来预测股票未来的价格变化趋势，为投资者提供投资判断的依据，提高投资回报。

本项目采用的数据集为沪深 300 指数数据集。该数据集提供了从 2005 年 1 月 4 日到 2019 年 3 月 13 日期间沪深 300 指数成分股的数据，每条数据所包含的股票特征有交易日期、开盘价、收盘价、最高价、最低价、成交量、成交金额和涨跌幅。本项目与房价预测类似，也是属于监督学习，股票价格同样有任意多种可能的值。本项目的目标是根据前一个时间段的股票价格变化，来预测未来某个时间点的股票价格，为投资者提供股票涨跌趋势的预测。这是一个典型的时间序列预测问题，将采用长短期记忆网络（Long Short Term Memory，LSTM）搭建循环神经网络，来获取股票最高价格的时序信息。通过训练 LSTM，使其学会使用前 $n$ 天的股票数据预测当天的股票价格。本项目将通过以下 3 个任务完成：

（1）数据准备。
（2）LSTM 网络的搭建与训练配置。
（3）LSTM 网络训练与模型评估。

## 【项目基础知识】

## 6.1  循环神经网络

本节将介绍循环神经网络相关概念，包括时序数据、循环神经网络的结构和循环神经网络建模的方式。

### 6.1.1　时序数据

时序数据是指时间序列数据。时间序列数据是按时间顺序记录的数据列。数据和时间维度息息相关。时序数据分析的目的是通过找出已知时序数据的统计特性和发展规律性构建时间序列模型，进行未知时间的数据预测。例如，某省 1940—1980 年各年末的人口数时序数据由40 个样本数据组成，可以选定一个深度学习模型，根据已知时序数据预测 1990 年年末的人口数。

上述人口数时序数据为数值类型，在训练时可以直接输入神经网络模型计算。但是还有一些时序数据的值并不是数值类型，例如我们说的每句话也是一个时序数据，它是由有先后顺序的词组成的，每个词的出现都对应了具体的时间点。话中的每个词都是字符而不是数字，这样的时序数据将无法直接输入神经网络模型进行计算，而需要事先将字符转化为数字。将字符转化为数字的算法统称为词嵌入算法，这类算法会将一个字符型的词转化为一个多维度的数值型向量，该向量称为该单词的词向量，这样一句话就被数值化成了一个词向量矩阵，矩阵中的每个元素对应于话中的一个词。那么如何实现词嵌入呢？

独热编码是词嵌入的一种常用方式。例如，有 5000 个英文单词，那么一个单词就可以表示成一个 1 位为 1、其他位为 0、长度为 5000 的稀疏向量，汉字亦如此。这种转换方式是非常简单的，但是也有缺点。经独热编码转换后的向量一般维度过高，且 0 位过多，极其稀疏，向量长度也太长，需要大量的存储空间进行存储，不利于深度神经网络的计算。同时对于一些近义词，经独热编码转换后变成一个个只包含 0 和 1 的稀疏向量，它们的相关性也就不复存在了，这对于语义分析是不利的。

在实际应用时，一般采用神经网络预训练的方式实现词嵌入，即预先利用神经网络训练好一个词向量模型，该模型中包括常用单词所对应的词向量，使用时只要将语句输入进去，就会自动生成语句中每个单词的词向量，该词向量的值为数值类型，内部包含该词和其他相关词汇的关系。目前常用的词向量模型有 Word2Vec 和 Glove。这些预训练词向量模型在海量语料库中训练，学习到的词向量能够更好地表示原有单词。开源的预训练词向量模型有很多，使用时只需从网上下载对应的词向量模型即可。

Word2Vec 包含连续词袋模型（Continuous Bag of Words，CBOW）和跳字模型（Skip-Gram）两个模型。假设句子为 guangzhou is a nice city，中心词是 nice。CBOW 是从中心词周围多个背景词推测出中心词出现的概率，即利用 guangzhou、is、a 和 city 来预测 nice 出现的概率。而 Skip-Gram 是从中心词推测出周围多个背景词出现的概率，即利用 nice 来预测前、后多个背景词 guangzhou、is、a 和 city 出现的概率。CBOW 对小型数据库比较合适，而 Skip-Gram 在大型语料中表现更好。

Word2Vec 有一个缺陷，只能利用一定范围的上、下文环境去产生词向量，无法利用整个语料库的全局信息。Glove 模型应运而生，该模型利用语料库的全局信息去产生词向量，能够更好地表达词间的关系，因此在实际中更多使用 Glove 模型。在 Glove 模型中，使用较多的有 Glove.6B 系列、Glove.42B 系列和 Glove.twitter 系列等。预训练的 Glove 模型的命名规范大致是"模型.（数据集.）数据集词数.词向量维度.txt"。例如 Glove.6B.100d 表示该模型的训练词汇量为 60 亿，每个单词使用长度为 100 的向量表示。

### 6.1.2 循环神经网络的结构

循环神经网络的基本结构如图 6-1 所示。在当前时刻 $t$，循环神经网络的主体结构 A 的输入分为两部分，除来自当前时刻的输入 $x_t$ 外，还有一部分输入来自上一时刻的隐藏层状态 $h_{t-1}$（上一时刻提取的特征）。在每一时刻循环神经网络的模块 A 在读取了两者的加权和之后生成新的隐藏层状态 $h_t$，并产生本时刻的输出，本时刻的隐藏层状态 $h_t$ 又作为下一时刻即 $t+1$ 时刻的输入。因此，循环神经网络当前的状态是由上一时刻的状态和当前的输入共同决定的。例如，在自然语言处理问题中，$t_0$ 时刻输入第一个单词 $x_0$，$x_0$ 的特征被提取存入隐藏层状态 $h_0$。$t_1$ 时刻输入第 2 个单词 $x_1$，第 2 个单词的特征提取需依赖于记忆（$t_0$ 时刻的隐藏层状态 $h_0$）和当前的输入 $x_1$ 的加权和，依此类推，直到所有单词都输入完毕（所有特征学习完毕）后产生最终结果。

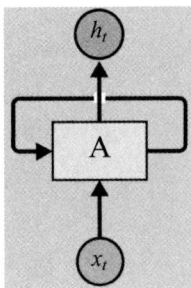

图 6-1　循环神经网络的基本结构

循环神经网络也可以被看作对同一神经网络的多次赋值，每个神经网络模块在当前时刻都会把消息传递给下一个神经网络，因此，可按照时间步将图 6-1 展开为图 6-2 所示的形式。

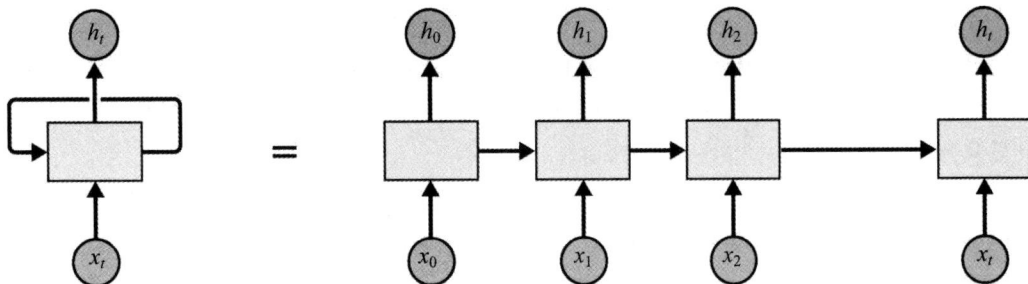

图 6-2　RNN 展开结构

### 6.1.3 循环神经网络的建模

根据不同的应用场景，循环神经网络的建模主要分为以下三种方式。

1. 输入一个序列，输出一个值

"输入一个序列，输出一个值"场景称为 sequence-to-vector 场景，整个网络的输出通常在最后一个序列上进行，如情感分析、判断视频类别等，需要将所有的序列都提取特征后进行综合判断输出结果。例如图 6-3 中，输出 $y$ 在 $x_4$ 序列输入后才通过一个 Softmax 函数对整个循环神经网络的输出进行多分类预测。

$$y=\text{Softmax}(Vh_4+c)$$

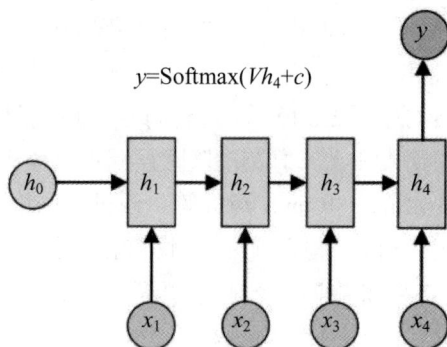

图 6-3　输出单独一个值

2．输入一个值，输出一个序列

"输入一个值，输出一个序列"场景称为 vector-to-sequence 场景。例如，通过图像特征数据生成文本，根据生成文本的区域范围，可以选择在某个特定的时间步序列输入后计算整个网络的输出。整个网络的输出通常在其中某个时间步序列上进行，如图 6-4 所示，网络只在序列数据的第 1 个时间步计算输出值。

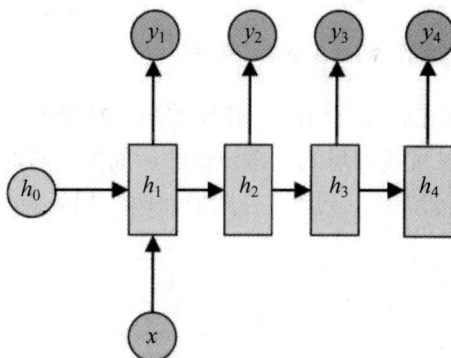

图 6-4　输出一个序列

3．输入一个序列，输出也是一个序列

"输入一个序列，输出也是一个序列"场景称为 sequence-to-sequence 场景，一般用于输入序列和输出序列不等长的场景下。例如，机器翻译或自动问答中，源语句和目标语句之间的长度大多不相等。

## 6.2　长短期记忆网络

循环神经网络具有记忆能力，但是这种记忆能力只体现在短期记忆中，网络的长期记忆能力很差。在训练时，我们会发现 $t$-1 时刻输入的数据对 $t$ 时刻产生的影响最大，而 $t$-2 和 $t$-3 等之前时刻输入的数据对 $t$ 时刻产生的影响逐渐减少，甚至再过一段时间后变得毫无影响了，这在自然语言处理中是有问题的。自然语言处理中模型的预测结果应该和语句中的每个单词都相关，而不是随时间推移，只与当前时刻相近输入的单词有关。为了解决这个问题，诞生了

LSTM。LSTM 于 1997 年被提出，可以将其看作一种特殊的循环神经网络，由于拥有长期记忆功能，所以 LSTM 适合处理和预测时间序列中间隔和延迟都非常长的重要事件。

传统的循环神经网络的结构如图 6-5 所示，内部每个模块当前时刻的隐藏层状态（学习到的特征）都需结合当前时刻的输入和上一时刻的隐藏层状态（学习到的特征），最终通过一个激活函数控制对外输出，如 Softmax 和 tanh 函数等。通过该网络结构可以明显看出，每次的输入只和前一时刻隐藏层的状态相关，与之前 $n$ 个时刻隐藏层的状态并不紧密，随着时间步的推移，后续时间步隐藏层的状态将和之前 $n$ 个时刻隐藏层的状态的关联度越来越小，并趋于 0。

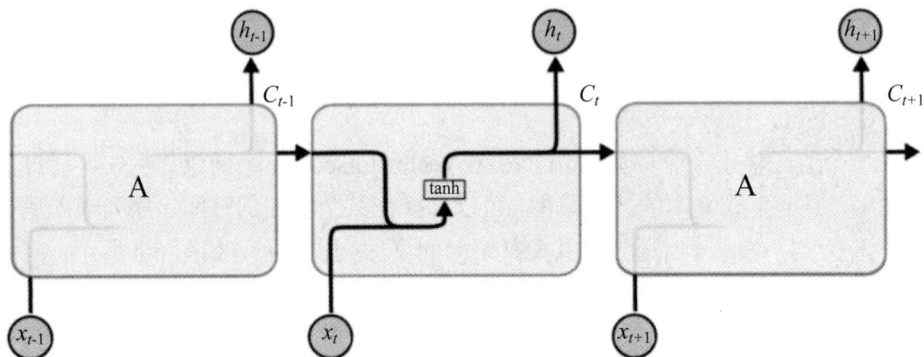

图 6-5　传统的循环神经网络的结构

长短期记忆网络的结构如图 6-6 所示，与传统的循环神经网络的结构相比，LSTM 能够将前 $n$ 个时刻的隐藏层状态，以直线的形式直接传输给后面的所有时间步，并在传输过程中，通过"门"结构对传输的隐藏层状态进行过滤，有选择性地控制某些时刻的隐藏层状态数据通过。

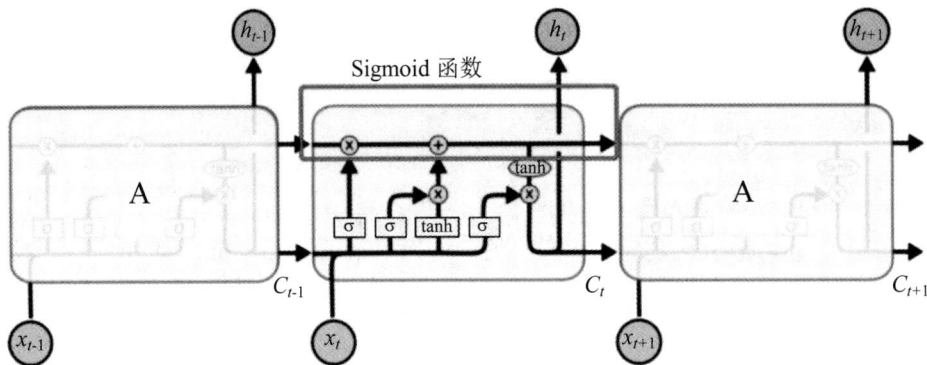

图 6-6　长短期记忆网络的结构

LSTM 内部包含三种形式的门结构，分别是遗忘门、输入门和输出门。

1. 遗忘门

图 6-7 所示为遗忘门的结构，该门的结构包含一个 Sigmoid 神经网络层和一个点乘操作。Sigmoid 函数将上一时刻的隐藏层状态和当前时刻的输入映射成输出值在 0～1 之间的向量，以确定两者的权重，1 为完全保留，0 为完全放弃。然后将该向量和上一时刻的隐藏层状态相乘，以决定上一时刻的隐藏层状态的多少部分可以被选择通过。

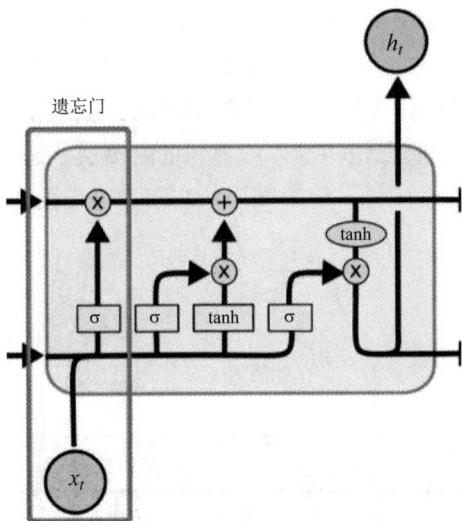

图 6-7　遗忘门的结构

2. 输入门

图 6-8 所示为输入门的结构，该门的结构用于将当前时刻新计算出的隐藏层状态（新提取的特征）有选择性地进行内部记忆，放大重要特征的记忆权重，减少不重要特征的记忆权重。在内部记忆过程中，首先利用了 Sigmoid 函数输出要记忆的当前时刻学习的新特征权重，权重为 0~1。然后当前时刻的输入 $x$ 输入激活函数 tanh 进行特征提取，生成一个新的特征向量，并将该特征向量和权重值点乘，将当前时刻新学习的特征添加进当前时间的隐藏层状态中。

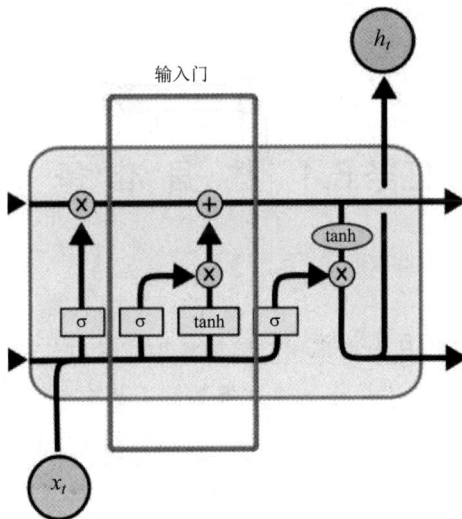

图 6-8　输入门的结构

LSTM 整个循环单元内部的隐藏层状态更新由遗忘门和输入门组合完成，在遗忘门中，历史的隐藏层状态特征数据被有选择性地提取出来，输入门将新学习的特征数据有选择性地加入当前的隐藏层状态中。

3. 输出门

图 6-9 所示为输出门的结构，该门的结构用于将当前时刻的隐藏层状态以特定的权重对外输出。输出门中首先将当前时刻的输入利用函数 Sigmoid 输出当前时刻学习的新特征权重，然后将最新的隐藏层状态（经过遗忘门和输入门更新的隐藏层状态）经过函数 tanh 处理得到一个值在-1～1 之间的隐藏层状态向量，该隐藏层状态向量与当前时刻学习的新特征权重点乘后就得到了最终对外输出的隐藏层状态。

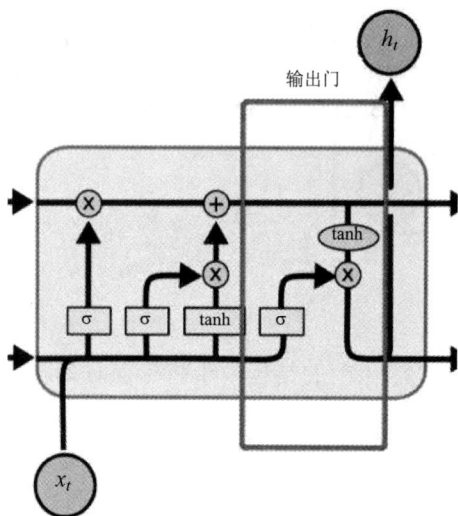

图 6-9　输出门的结构

## 【项目实施】

# 任务6.1　数据准备

数据准备

### 【任务描述】

本任务要求对沪深 300 指数数据集进行特征选取、数据集构建、数据加载和标准化等预处理。通过本任务的学习，能够进一步熟练掌握数值型数据预处理的方法。

### 【实施思路】

（1）探索分析数据：观察沪深 300 指数数据集的规模大小、各个属性间的关系、数据是否存在缺失值。

（2）实现数据预处理：以时序为索引、以股票最高价为特征，构建和加载训练集，并对训练集进行归一化处理。

## 【任务实施】

### 1. 导入库

沪深 300 指数数据集的预处理需要的库有 Pandas、Matplotlib、NumPy 和 Torch，其中 Pandas 用于读取数据，Matplotlib 用于绘制图形，NumPy 用于处理数组，Torch 用于网络的构建与训练。导入库的代码如下：

```
import numpy as np
import pandas as pd
import matplotlib.pyplot as plt
import torch
from torch.utils.data import Dataset, DataLoader
```

### 2. 探索分析数据

从文件中读取沪深 300 指数数据集，观察其规模大小、属性作用及相互间关系，查看数据的完整性，并确定标签属性。

首先，从文件中读取沪深 300 指数数据，代码如下：

```
#读取沪深 300 指数数据，返回 DataFrame 对象 df
df = pd.read_csv('../data/stock_price.csv')
#显示数据
df
```

运行以上代码，输出结果如图 6-10 所示。

| | datetime | code | open | close | high | low | vol | amount | p_change |
|---|---|---|---|---|---|---|---|---|---|
| 0 | 2005-01-04 | 300 | 994.760 | 982.79 | 994.760 | 980.650 | 74128.0 | 4.431976e+09 | NaN |
| 1 | 2005-01-05 | 300 | 981.570 | 992.56 | 997.320 | 979.870 | 71191.0 | 4.529207e+09 | 0.99 |
| 2 | 2005-01-06 | 300 | 993.330 | 983.17 | 993.780 | 980.330 | 62880.0 | 3.921015e+09 | -0.95 |
| 3 | 2005-01-07 | 300 | 983.040 | 983.95 | 995.710 | 979.810 | 72986.0 | 4.737468e+09 | 0.08 |
| 4 | 2005-01-10 | 300 | 983.760 | 993.87 | 993.950 | 979.780 | 57916.0 | 3.762931e+09 | 1.01 |
| ... | ... | ... | ... | ... | ... | ... | ... | ... | ... |
| 3443 | 2019-03-07 | 300 | 3841.150 | 3808.85 | 3845.180 | 3778.800 | 3298465.0 | 3.593392e+11 | -1.02 |
| 3444 | 2019-03-08 | 300 | 3721.400 | 3657.58 | 3774.540 | 3656.190 | 3179900.0 | 3.492967e+11 | -3.97 |
| 3445 | 2019-03-11 | 300 | 3663.980 | 3729.95 | 3731.910 | 3650.810 | 2309128.0 | 2.687185e+11 | 1.98 |
| 3446 | 2019-03-12 | 300 | 3758.320 | 3755.35 | 3804.720 | 3723.680 | 2749263.0 | 3.251806e+11 | 0.68 |
| 3447 | 2019-03-13 | 300 | 3758.713 | 3724.23 | 3763.093 | 3708.815 | 2318908.0 | 2.838054e+11 | -0.83 |

3448 rows × 9 columns

图 6-10　沪深 300 指数数据列表

运行结果分析：由图 6-10 可知，该数据集共有 3448 条数据，记录了 2005 年 1 月 4 日到 2019 年 3 月 13 日期间的股票交易情况，数据属性共有 9 个，包括交易日期（datetime）、指数代码（code）、开盘价（open）、收盘价（close），最高价（high）、最低价（low）、成交量（vol）、成交金额（amount）和涨跌幅（p_change）。

然后，利用 DataFrame 对象的 info 函数，查看数据集的基本信息，包括维度、列名称、数据格式、所占空间、是否为空等，代码如下：

```
df.info()
```

执行上述代码，输出结果如图 6-11 所示。

```
<class 'pandas.core.frame.DataFrame'>
DatetimeIndex: 3448 entries, 2005-01-04 to 2019-03-13
Data columns (total 8 columns):
 #   Column     Non-Null Count   Dtype
---  ------     --------------   -----
 0   code       3448 non-null    int64
 1   open       3448 non-null    float64
 2   close      3448 non-null    float64
 3   high       3448 non-null    float64
 4   low        3448 non-null    float64
 5   vol        3448 non-null    float64
 6   amount     3448 non-null    float64
 7   p_change   3447 non-null    float64
dtypes: float64(7), int64(1)
memory usage: 242.4 KB
```

图 6-11 沪深 300 指数数据的基本信息

运行结果分析：从图 6-11 中可以看到，数据集中的 datetime 作为索引，其他属性为股票特征属性，其中 code 为 int64，另外 7 个属性为 float64，每个属性均有 3448 条数据，表示数据无缺失，所占空间为 242.4KB。

3. 数据预处理

本任务中股票价格变化是影响股票趋势预测的关键因素，因此，选取数据集中的最高价作为特征属性，7 天为一个预测周期，即以当天的前 7 天股票最高价来预测当天的股票价格。

（1）定义构建数据集的函数。定义 getData 函数，用于构建数据集。该函数中，通过选取原始数据中的 datetime 属性为索引、high 属性为特征属性，设置时间滑动窗口大小为 8 个时间步，步长为 1，来构建一个训练样本。通过一个简单的例子来说明这个构建过程，假设有 10 天的历史数据，数据值分别为 1、2、3、4、5、6、7、8、9、10，滑动窗口的大小为 8，步长为 1，经过下面的 3 次移动处理，可以得到相应的 3 个样本，前 7 列为输入特征，最后一列为标签。

窗口 1：[1 2 3 4 5 6 7 8] 9 10 →样本 1：1 2 3 4 5 6 7 **8**

窗口 2：1 [2 3 4 5 6 7 8 9] 10 →样本 2：2 3 4 5 6 7 8 **9**

窗口 3：1 2 [3 4 5 6 7 8 9 10] →样本 3：3 4 5 6 7 8 9 **10**

本任务构建数据集的代码如下：

```
def getData(df, column, train_end=-300, days_before=7,
return_all=True, generate_index=False):
    ############################
    读取原始数据，并生成训练样本
    df              ：原始数据
```

```
column           ：要处理的列
train_end        ：训练集的终点
days_before      ：设置的历史天数
return_all       ：是否返回所有数据，默认为 True
generate_index   ：是否生成索引
##############################
#将 datetime 属性转换成时间格式并设置成数据索引 index
df['datetime'] = pd.to_datetime(df['datetime'])
df = df.set_index('datetime')
#生成仅包括 column 属性列的数据集
series = df[column].copy()

#划分数据为训练数据和测试数据
train_series, test_series = series[:train_end], series[train_end - days_before:]

#创建训练集
train_data = pd.DataFrame()

#通过滑动窗口，创建历史天数 days_before 的数据
for i in range(days_before):
    #设置滑动窗口的大小为 7，步长为 1，构建训练样本
    #c%d' % i 为 c 开头的列标题，如 c0、c1
    train_data['c%d' % i] = train_series.tolist()[i: -days_before + i]

#获取对应的标签
train_data['y'] = train_series.tolist()[days_before:]

#是否生成 index
if generate_index:
    train_data.index = train_series.index[n:]

if return_all:
    return train_data, series, df.index.tolist()

return train_data
```

（2）构建数据集。通过调用 getData 函数，读取 high 属性列，得到训练集、包含所有数据的数据集及其索引，代码如下：

```
#调用 getData 函数，生成训练集、包含所有数据的数据集及其索引
train_data, all_series, df_index = getData(df, 'high')
#输出训练集
train_data
#输出数据集
all_series
#输出数据集索引
df_index
```

运行以上代码，输出结果如图 6-12 所示。

```
(        c0      c1      c2      c3      c4      c5      c6       y
0     994.76  997.32  993.78  995.71  993.95  999.55  996.97   999.47
1     997.32  993.78  995.71  993.95  999.55  996.97  999.47  1006.46
2     993.78  995.71  993.95  999.55  996.97  999.47 1006.46   981.52
3     995.71  993.95  999.55  996.97  999.47 1006.46  981.52   974.87
4     993.95  999.55  996.97  999.47 1006.46  981.52  974.87   974.33
...      ...     ...     ...     ...     ...     ...     ...      ...
3136 4069.24 4052.80 4027.11 4032.99 4045.93 4031.75 4017.95  4014.14
3137 4052.80 4027.11 4032.99 4045.93 4031.75 4017.95 4014.14  4069.50
3138 4027.11 4032.99 4045.93 4031.75 4017.95 4014.14 4069.50  4070.15
3139 4032.99 4045.93 4031.75 4017.95 4014.14 4069.50 4070.15  4052.69
3140 4045.93 4031.75 4017.95 4014.14 4069.50 4070.15 4052.69  4057.62

[3141 rows x 8 columns],
```

（a）股票价格预测的训练集

```
datetime
2005-01-04    994.760
2005-01-05    997.320
2005-01-06    993.780
2005-01-07    995.710
2005-01-10    993.950
                ...
2019-03-07   3845.180
2019-03-08   3774.540
2019-03-11   3731.910
2019-03-12   3804.720
2019-03-13   3763.093
Name: high, Length: 3448, dtype: float64,
```

```
[Timestamp('2005-01-04 00:00:00'),
 Timestamp('2005-01-05 00:00:00'),
 Timestamp('2005-01-06 00:00:00'),
 Timestamp('2005-01-07 00:00:00'),
 Timestamp('2005-01-10 00:00:00'),
 Timestamp('2005-01-11 00:00:00'),
 Timestamp('2005-01-12 00:00:00'),
 Timestamp('2005-01-13 00:00:00'),
 Timestamp('2005-01-14 00:00:00'),
 Timestamp('2005-01-17 00:00:00'),
 Timestamp('2005-01-18 00:00:00'),
 Timestamp('2005-01-19 00:00:00'),
 Timestamp('2005-01-20 00:00:00'),
 Timestamp('2005-01-21 00:00:00'),
 Timestamp('2005-01-24 00:00:00'),
```

（b）股票价格预测的数据集 　　　　（c）股票价格预测数据集的部分索引

图 6-12　所生成的股票价格预测的训练集、数据集及其索引

运行结果分析：图 6-12（a）中，每行数据包含 8 个属性列，前 7 列为当天的前 7 天股票最高价，最后一列是当天股票价格，即标签；图 6-12（b）为数据集的全部数据，其中索引为 datetime，特征属性为 high 属性；图 6-12（c）仅显示了数据集中全部数据的索引，用作绘制股票价格变化的时间轴坐标。

（3）查看沪深 300 指数真实股票价格的变化情况。利用 Matplotlib 绘制沪深 300 指数真实数据曲线，以了解真实股票价格的变化情况，代码如下。

```
#将数据集 all_series 转换为 numpy.ndarray 类型
all_series = np.array(all_series.tolist())

#绘制沪深 300 指数真实数据的股票价格变化曲线
plt.figure(figsize=(12,6))
plt.plot(df_index, all_series, label='沪深 300 指数真实数据')
plt.legend()
plt.show()
```

运行以上代码，输出结果如图 6-13 所示。

图 6-13　沪深 300 指数真实股票价格的变化曲线

（4）创建数据集类。基于前面所构建的数据样本集，通过继承 torch.utils.data.Dataset 类来定义数据集类，为 DataLoader 函数提供加载对象，代码如下：

```
#定义数据集类
class TrainSet(Dataset):
    def __init__(self, data):    #data 为 Tensor
        #data 取当天的前 7 天的数据，label 取当天的数据
        self.data, self.label = data[:, :-1].float(), data[:, -1].float()

    def __getitem__(self, index):
        return self.data[index], self.label[index]

    def __len__(self):
        return len(self.data)
```

（5）加载数据。为了便于训练，需要先对数据进行归一化处理，之后就可以创建数据集对象，并由 DataLoader 函数进行加载处理，代码如下：

```
#############################
 数据归一化处理
#############################
#将 train_data 转换为 numpy.array 类型
train_data_numpy = np.array(train_data)
#计算数据集的均值
train_mean = np.mean(train_data_numpy)
#计算均方误差
train_std = np.std(train_data_numpy)
#进行归一化处理
```

```
train_data_numpy = (train_data_numpy - train_mean) / train_std
#将 train_data_numpy 转换为 Tensor 对象
train_data_tensor = torch.Tensor(train_data_numpy)

#创建数据集对象
train_set = TrainSet(train_data_tensor)
#创建 Dataloader 对象，对数据集对象进行加载
train_loader = DataLoader(train_set, batch_size=10, shuffle=True)

#查看一个批次的训练数据
tx, ty = next(iter(train_loader))
print(tx)
print(tx.shape)
```

运行以上代码，输出结果如图 6-14 所示。

```
tensor([[ 2.6632,  2.7543,  2.7643,  2.6327,  2.5643,  2.4791,  2.4623],
        [-0.3680, -0.3650, -0.3541, -0.3720, -0.4214, -0.3560, -0.3338],
        [ 0.2068,  0.2039,  0.2182,  0.2303,  0.2817,  0.2855,  0.2736],
        [-0.1969, -0.2068, -0.1946, -0.2003, -0.2155, -0.2120, -0.1808],
        [ 0.9745,  0.9262,  0.8979,  0.9830,  0.9051,  0.9084,  0.9260],
        [ 0.5258,  0.5049,  0.4939,  0.4787,  0.4916,  0.4895,  0.4843],
        [ 0.5011,  0.5188,  0.4896,  0.5079,  0.5050,  0.5277,  0.5254],
        [ 0.4637,  0.3511,  0.3905,  0.3852,  0.3782,  0.3618,  0.3188],
        [ 0.7099,  0.6881,  0.5940,  0.5999,  0.4697,  0.3416,  0.3380],
        [-1.2753, -1.2668, -1.2704, -1.2566, -1.2490, -1.2705, -1.2888]])
torch.Size([10, 7])
```

图 6-14　一个批次的数据及其形状

运行结果分析：从图 6-14 可知，加载后的数据集的每个批次都是一个 10 行 7 列的二维数组，且数据值均为归一化后的值。

# 任务 6.2　LSTM 网络的搭建与训练配置

## 【任务描述】

在任务 6.1 的基础上，采用 LSTM 构建基于时间序列的股票预测深度学习网络，并进行相应的训练配置，包括损失函数和优化器。通过本任务的学习，能够学会搭建 LSTM 网络，能够配置相适配的损失函数和优化器。

LSTM 网络的搭建
与训练配置

## 【实施思路】

（1）实现网络的构建：确定 LSTM 网络的结构，使用 Torch 库的 nn.Model 类定义 LSTM 网络。

（2）实现训练配置：设置训练用的设备配置，定义损失函数和优化器。

**【任务实施】**

1. 确定 LSTM 网络的结构

LSTM 网络是在多层感知网络结构的基础上，对隐藏层节点进行了改进，图 6-6 所描述的就是隐藏层的 3 个节点，回顾项目 4 中多层感知机的相关内容，图 4-4 中的多层感知机包含 1 层输入层、2 层隐藏层和 1 层输出层。本任务中，LSTM 网络的结构相对简单，只包含 1 层输入层、1 层隐藏层和 1 层输出层。其中输入层的输入特征维度（input_size）为 1，表示一天的股票价格数据；隐藏层的输入特征维度（hidden_size）为 64；输出层的输入特征维度为 64，输出为 1。网络输入、输出的数据格式为[batch, seq_len, input_size]，参数 batch 表示批次大小，seq_len 表示序列长度，feature 为输入特征维度，这里设置 batch 为 10，seq_len 为 7，input_size 为 1。

2. 定义 LSTM 网络

PyTorch 内置了 LSTM 基础模型，通过调用 torch.nn.LSTM 函数，设置相关参数，就可以搭建本任务的 LSTM 网络。

（1）导入库。这里需要使用 torch.nn 模块自定义 LSTM 网络类，导入库的代码如下：

```
import torch.nn as nn
```

（2）定义 LSTM 网络类。通过继承 nn.Module 类定义 LSTM 网络类，类名为 LSTM，代码如下：

```
class LSTM(nn.Module):
    #构造方法初始化
    def __init__(self):
        super(LSTM, self).__init__()

        #定义 LSTM 网络
        self.lstm = nn.LSTM(
            input_size=1,
            hidden_size=64,
            num_layers=1,
            batch_first=True)

        #设置全连接输出层
        self.out = nn.Sequential(
            nn.Linear(64,1))

    #定义前向传播的计算过程
    def forward(self, x):
        #调用 self.lstm 函数构建 LSTM 网络
        #None 表示 LSMT 隐藏层的初始参数 h_0 和 c_0 为全 0 的向量
        #h_n, c_n 分别表示每层最后一个时间步的输出
```

```
#r_out 表示最后一层，每个时间步的输出 h
r_out, (h_n, c_n) = self.lstm(x, None)

#取最后一天的股票价格作为输出
out = self.out(r_out[:, -1, :])

return out
```

代码说明：torch.nn.LSTM 函数用于构建 LSTM 网络。该函数的主要参数有 input_size（输入特征维度）、hidden_size（隐藏层的输入特征维度）、num_layers（LSMT 隐藏层的层数）、batch_first（输入、输出的数据格式是否为[batch, seq_len, input_size]）。

（3）创建 LSTM 网络实例。创建 LSTM 类实例的代码如下：

```
#创建 LSTM 类实例
lstm = LSTM()
#如果有 GPU 可用，则将模型加载到 GPU 上
if torch.cuda.is_available():
    lstm = lstm.cuda()

#查看 LSTM 网络
lstm
```

运行以上代码，输出结果如图 6-15 所示。

```
LSTM(
  (lstm): LSTM(1, 64, batch_first=True)
  (out): Sequential(
    (0): Linear(in_features=64, out_features=1, bias=True)
  )
)
```

图 6-15　LSTM 网络的结构

运行结果分析：图 6-15 中显示了所构建的 LSTM 网络，包括 LSTM 的隐藏层和全连接输出层，其中隐藏层的输入特征维度为 1、输出为 64，输出层的输入特征维度为 64、输出为 1。

3. 训练配置

本任务中的训练配置包括训练参数设置、定义损失函数和优化器，代码如下：

```
#设置训练参数
LR = 0.0001          #学习率
EPOCH = 100          #训练次数

#定义优化器为 Adam
optimizer = torch.optim.Adam(lstm.parameters(), lr=LR)
#定义损失函数为均方误差损失函数 MSELoss
loss_func = nn.MSELoss()
```

# 任务 6.3　LSTM 网络训练与模型评估

## 【任务描述】

在任务 6.2 的基础上，在训练集上对 LSTM 网络进行训练，并使用测试集进行验证，通过预测值和真实值的对比，来评估 LSTM 模型的准确性。通过本任务的学习，能够学会对 LSTM 网络进行训练、验证，以及模型评估。

LSTM 网络训练
与模型评估

## 【实施思路】

（1）实现网络训练：通过网络预测→计算损失→优化参数等环节，在训练集中循环进行多次操作。

（2）实现模型评估：利用测试集对已训练好的模型进行验证，并通过比较训练集和测试集上预测值和真实值的差异，来评估模型的优劣程度。

## 【任务实施】

### 1. 训练网络和保存模型

按照网络预测→计算损失→优化参数的流程，定义网络训练处理流程，代码如下：

```
#导入 pickle 库
import pickle
#在训练集上进行 EPOCH 次训练
for step in range(EPOCH):
    for tx, ty in train_loader:

            #如果 GPU 可用，则将训练数据加载到 GPU 上
            if torch.cuda.is_available():
                tx = tx.cuda()
                ty = ty.cuda()

            #语句 1：使用 LSTM 进行股票价格预测
            output = lstm(torch.unsqueeze(tx, dim=2))
            #语句 2：计算预测值与真实值之间的均方误差损失
            loss = loss_func(torch.squeeze(output), ty)

            #将网络参数的梯度清零
            optimizer.zero_grad()
            #反向传播，计算梯度
            loss.backward()
            #更新网络参数
            optimizer.step()

            #输出本次训练的训练次数和损失值
            print(step, loss.cpu())
```

```
#每训练 10 次保存一次模型
if step % 10 == 0:
    torch.save(lstm, '../tmp/lstm%d.pkl' % step)
```

```
#训练结束后，保存最终得到的模型
torch.save(lstm, '../tmp/lstm_last.pkl')
```

运行上述代码，输出结果如图 6-16 所示。

```
90  tensor(0.0002, grad_fn=<ToCopyBackward0>)
91  tensor(9.1023e-05, grad_fn=<ToCopyBackward0>)
92  tensor(0.0006, grad_fn=<ToCopyBackward0>)
93  tensor(0.0004, grad_fn=<ToCopyBackward0>)
94  tensor(0.0002, grad_fn=<ToCopyBackward0>)
95  tensor(0.0003, grad_fn=<ToCopyBackward0>)
96  tensor(0.0011, grad_fn=<ToCopyBackward0>)
97  tensor(7.5655e-05, grad_fn=<ToCopyBackward0>)
98  tensor(0.0025, grad_fn=<ToCopyBackward0>)
99  tensor(2.1801e-05, grad_fn=<ToCopyBackward0>)
```

图 6-16　LSMT 网络的训练结果

运行结果分析：图 6-16 显示了网络训练最后 10 次预测值与真实值的均方误差，可以看到这 10 次的损失值稳定在 0.0025 以下，表明已经得到了较好的训练结果。

代码说明：

- pickle 库保存模型的格式为.pkl，前面模型多采用.pth 格式来保存，这两种方式均可用于模型的保存，但也有一些差异。通常情况下，如果希望只共享已训练好的权重，则可选用.pth 文件；但如果需要在代码中重新实例化整个模型，则最好使用.pkl 文件。
- 语句 1 使用 torch.unsqueeze 函数对 tx 增加 1 个维度，tx 的形状由[batch,seq_len]变成了[batch,seq_len,input_size]，以满足 torch.nn.LSTM 函数对于输入、输出格式的要求。
- 语句 2 使用 torch.squeeze 对 output 减少 1 个维度，使 output 的形状由[batch, seq_len, input_size]变成了[batch, seq_len]，从而符合 nn.MSELoss 函数对参数的要求。

2. 使用测试集进行验证

（1）加载已训练好的模型。使用 torch.load 函数加载模型，代码如下：

```
#设置模型文件的路径
file_path = '../tmp/lstm_last.pkl'

#加载.pkl 文件中的模型
model = torch.load(file_path)
```

（2）使用测试集验证模型。设置测试集为数据集的最后 300 条数据，为了保证训练集和测试集都进行相同的归一化处理，需要将整个数据集进行归一化处理，之后在整个数据集上，使用训练好的模型进行预测，并将训练集和测试集预测的结果分别保存在不同的数组中，相应的代码如下：

```
#初始化保存训练集预测结果的数组
generate_data_train = []
#初始化保存测试集预测结果的数组
generate_data_test = []
```

```
#设置训练集的终点位置
TRAIN_END = -300
#设置预测周期
DAYS_BEFORE = 7
#设置测试集开始的索引位置
test_start = len(all_series) + TRAIN_END

#对整个数据集进行相同的归一化处理
all_series = (all_series - train_mean) / train_std
all_series = torch.Tensor(all_series)

#遍历所有数据点进行预测
for i in range(DAYS_BEFORE, len(all_series)):
    #获取前 DAYS_BEFORE 天的数据作为输入
    x = all_series[i - DAYS_BEFORE:i]
    #如果 GPU 可用，则将 x 移动到 GPU 上
    if torch.cuda.is_available():
        x = x.cuda()

    #将 x 转换为形状为[batch, seq_len, input_size]的 Tensor 对象
    x = torch.unsqueeze(torch.unsqueeze(x, dim=0), dim=2)
    #使用 LSTM 模型进行预测
    y = model(x)

    #将 y 的形状转换为[batch, seq_len]、移回 CPU，再转换为 numpy.ndarray 类型
    y = torch.squeeze(y.cpu()).detach().numpy()
    #将 y 进行反归一化处理，还原股票价格数据
    y = y* train_std + train_mean

    #将训练集和测试集的预测结果分别保存
    if i < test_start:
        generate_data_train.append(y)
    else:
        generate_data_test.append(y)
```

（3）评估模型。通过图形方式呈现模型验证的结果，对模型进行评估，代码如下：

```
#对数据集进行反归一化处理，还原股票价格数据
all_series_1 = all_series.clone().numpy() * train_std + train_mean

#设置图形窗口的大小
plt.figure(figsize=(12, 8))
#使用散点图形式，绘制训练集的预测结果
plt.plot(df_index[DAYS_BEFORE: TRAIN_END],
    generate_data_train, 'b', label='generate_train')
plt.xlabel('年份')
plt.ylabel('股票价格数据')
```

```
plt.legend()
plt.show()

plt.figure(figsize=(12, 8))
#使用散点图形式，绘制真实数据集的股票价格变化情况
plt.plot(df_index, all_series_1, 'r', label='real_data')
plt.xlabel('年份')
plt.ylabel('股票价格数据')
plt.legend()
plt.show()
```

运行上述代码，输出结果如图 6-17 所示。

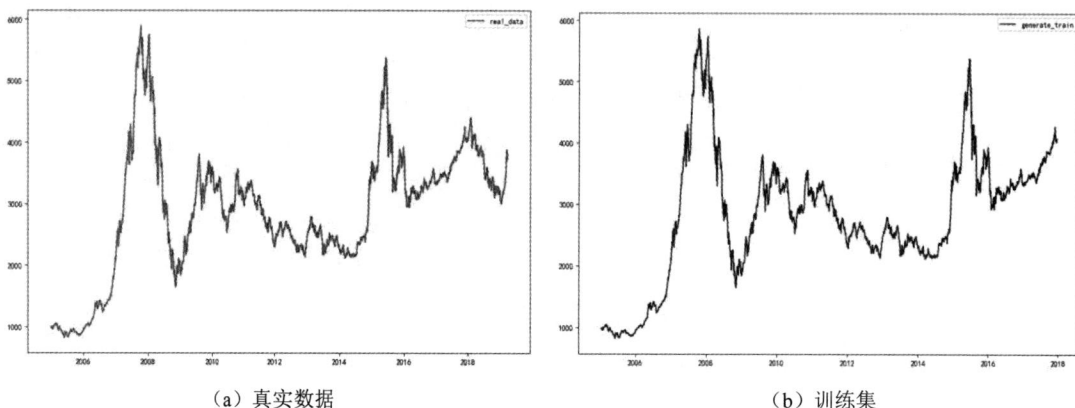

（a）真实数据　　　　　　　　　　　（b）训练集

图 6-17　训练集、测试集预测结果与真实数据

运行结果分析：图 6-17 显示了 2005—2019 年范围内训练集预测结果和真实股票价格的变化曲线，总体来看都是一致的，那么，具体到更小的范围是否也有同样的结果呢？从训练集和测试集中各选取 30 条数据，分别与对应的真实数据做比较，进一步观察预测结果和真实数据的差异程度，代码如下：

```
#设置图形窗口的大小
plt.figure(figsize=(12,16))

#绘制训练集和真实数据的差异
plt.subplot(2,1,1)
plt.plot(df_index[100 + DAYS_BEFORE: 130 + DAYS_BEFORE],
    generate_data_train[100: 130], 'b', label='generate_train')
plt.plot(df_index[100 + DAYS_BEFORE: 130 + DAYS_BEFORE],
    all_series_1[100 + DAYS_BEFORE: 130 + DAYS_BEFORE], 'r', label='real_data')
plt.xlabel('日期')
plt.ylabel('股票价格数据')
plt.legend()

#绘制测试集和真实数据的差异
plt.subplot(2,1,2)
```

```
plt.plot(df_index[TRAIN_END + 50: TRAIN_END + 80],
    generate_data_test[50:80], 'k', label='generate_test')
plt.plot(df_index[TRAIN_END + 50: TRAIN_END + 80],
    all_series_1[TRAIN_END + 50: TRAIN_END + 80], 'r', label='real_data')
plt.xlabel('日期')
plt.ylabel('股票价格数据')
plt.legend()

plt.show()
```

运行上述代码，输出结果如图 6-18 所示。

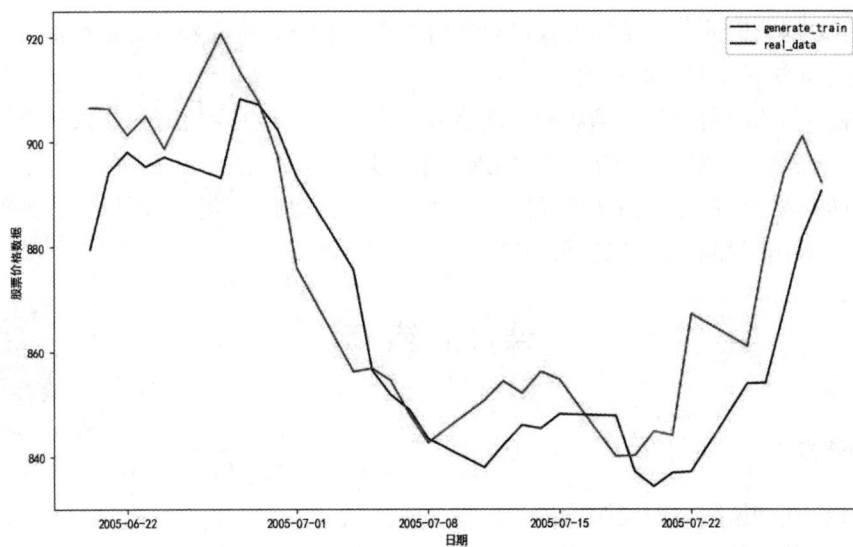

（a）训练集的预测结果与真实数据的差异

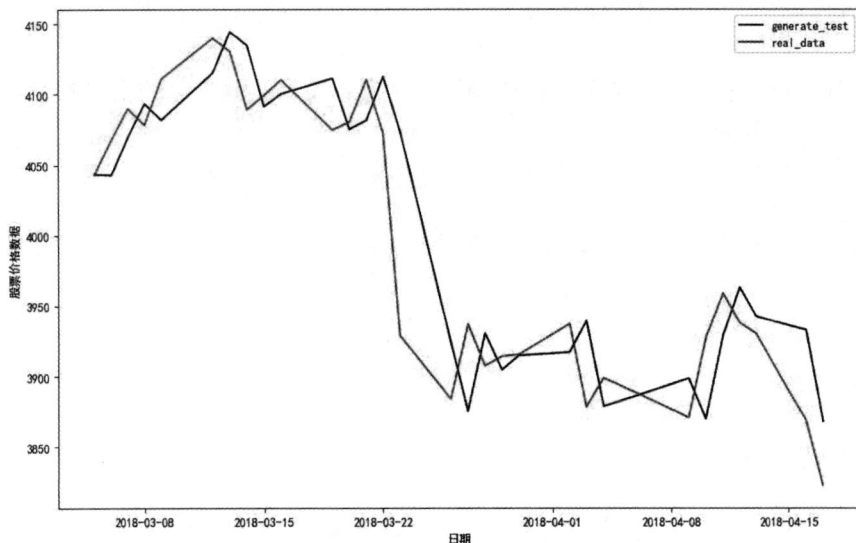

（b）测试集的预测结果与真实数据的差异

图 6-18　在部分训练集、测试集上预测结果与真实数据的差异

运行结果分析：图 6-18（a）是训练集的预测结果与真实数据的对比，图 6-18（b）是测试集与真实数据的对比，可以看到两次对比的情况相近，训练集和测试集的预测结果与真实数据的差距都比较小。也就是说，LSTM 模型在训练集和测试集上的表现是吻合的，表明模型具有较好的稳定性。

# 项 目 小 结

1．循环神经网络引入"记忆"功能，会记忆之前的信息，并利用之前的信息影响后面节点的输出。

2．时序数据分析的目的是通过找出已知时序数据的统计特性和发展规律性，构建时间序列模型，进行未知时间的数据预测。

3．根据不同的应用场景，循环神经网络的建模主要分为 3 种方式：输入一个序列，输出一个值；输入一个值，输出一个序列；输入一个序列，输出也是一个序列。

4．LSTM 是一种特殊的循环神经网络，由于拥有长期记忆功能，所以适合处理和预测时间序列中间隔和延迟都非常长的重要事件。

# 课 后 练 习

项目 6　课后练习答案

## 一、简答题

1．简述循环神经网络的应用场景。

2．简述与传统的循环神经网络相比，LSTM 具有哪些优势。

## 二、实操题

参考任务 6.1～任务 6.3，利用 LSTM 模型实现股票价格预测模型的搭建和训练。

# 项目 7　基于 DCGAN 实现真假图像识别

## 【项目导读】

深度学习往往需要对大量数据做训练，如果真实数据太少不能满足训练需求，那么就需要人为模拟一些数据来进行数据填充，但是人为模拟的数据通常不能很好地反映真实数据的特征，影响最终模型的训练效果。人们试图找寻一种方法能够使模拟的数据特征最大化逼近真实数据特征，甚至能够达到"以假乱真"的程度，这样才能够最大化保证模型的训练效果。2014年，古德菲勒（Goodfellow）等人提出的生成对抗网络（Generative Adversarial Networks，GAN）就可以解决这个难题。

本项目的要求是，以 MNIST 手写数字数据集为基础，利用深度学习网络生成手写数字图像。

MNIST 数据集在项目 5 中已有使用过，这里不再重复介绍。生成手写数据图像是一个从无到有的过程，没有分类标签，因此，这是一种无监督学习的分类问题。本项目将采用深度卷积对抗网络（Deep Convolutional Generative Adversarial Networks，DCGAN）来搭建生成对抗网络，利用其生成器生成伪造的图像，结合判别器对其真伪加以判断，经过两个网络间不断地对抗学习，逐步提高生成器生成逼真图像的能力，从而实现手写数字图像的生成处理。本项目将通过以下 3 个任务完成：

（1）数据准备。

（2）DCGAN 网络的搭建与训练配置。

（3）DCGAN 网络训练与模型评估。

本项目中会使用到随机噪声，为了使实验结果具有可复现性，需要设置随机种子，因而，在项目实施之前，还需要了解随机种子的设置方法。

## 【项目基础知识】

## 7.1　生成对抗网络

本节将介绍生成对抗网络的基本结构、基本原理，以及经典的生成对抗网络结构。

### 7.1.1　生成对抗网络概述

生成对抗网络是一种用于生成模拟数据的神经网络结构，它由生成器和判别器这两个深度神经网络模型组成。其中，生成器用来生成模拟数据，而判别器用来判断模拟数据与真实数据之间的区别。在网络的训练过程中，生成器和判别器类似于两个人在不断地博弈，两者都在训练过程中不断提高。最终生成器能够生成高质量的模拟数据，判别器能够更精准地判别模拟数据和真实数据。生成对抗网络的出现极大促进了无监督学习，以及图片生成领域的研究。目前，生成对抗网络广泛应用于深度学习各个领域，如人机博弈、图像分割、视频预测、风格迁移等。

现在非常火爆的 ChatGPT 就是一个基于生成对抗网络的人工智能聊天机器人，它能够自动回答用户的提问，给用户带来高质量的对话体验。ChatGPT 利用生成对抗网络的生成器生成回答，判别器判断回答是否真实，通过不断地对抗学习，不断优化自己的回答能力，以提供更加智能、自然的对话体验。又如，AlphaGo，它是一款使用人工智能的围棋程序，也是基于生成对抗网络训练的，其利用生成器生成可能的下一步棋局，判别器判断下一步棋局是否合理。通过不断地对抗学习，AlphaGo 就具备了挑战世界围棋强手的能力。当前手机上各种 App，其基于个人图片或视频提供"换脸""换衣""换背景"等功能，生成新的图片和视频，也是基于生成对抗网络实现的。

### 7.1.2　生成对抗网络的基本原理

生成对抗网络一般由一个生成器和一个判别器组成。网络的实现原理如下：在网络训练过程中，生成器通过学习训练集数据的特征，在判别器的指导下，将随机噪声的分布尽量拟合为训练数据的真实分布，生成具有训练集特征的模拟数据。判别器则负责区分输入的数据是真实的还是模拟的，并将结果反馈给生成器。生成器根据反馈结果对自身进行优化，再次生成新的模拟数据交给判别器判断。上述过程循环执行，生成器、判别器的能力同步提高，直到生成器生成的数据能够"以假乱真"，判别器也无法判断其数据的真假，整个网络训练过程结束。

生成对抗网络的训练步骤如下：

（1）生成器在初始状态下生成模拟数据发送给判别器，由于生成器未训练，所以此时生成的数据随机分布。

（2）判别器经过真实数据训练后，基于真实数据对生成器生成的模拟数据进行判断，特征接近真实数据的模拟数据的映射为 1，特征不接近真实数据的模拟数据映射为 0。

（3）生成器根据判别器输出的 0 和 1 分布，更新模型参数，使自己生成的模拟数据更多地被判别器映射为 1。

经过步骤（2）、（3）的循环交替，生成器模拟的数据更接近真实数据，且判别器的判别能力也进一步提高。

（4）生成器模拟的数据特征和真实数据相差无几，判别器无论再怎么训练，也无法区分真实数据和生成器生成的模拟数据，生成对抗网络训练结束。

### 7.1.3　经典的生成对抗网络结构

实现生成对抗网络最基本的架构就是 GAN，随后基于 GAN 之上产生了许多变种的架构，如 DCGAN、CGAN 和 CycleGAN 等，其中 CycleGAN 相对复杂，将在项目 8 中单独介绍其结构和应用。下面将介绍 GAN 架构及其变种的网络结构 DCGAN 和 CGAN。

1. GAN

GAN 是由两个神经网络生成器（Generator）和判别器（Discriminator）构成的。GAN 网络的结构如图 7-1 所示。生成器的任务是从随机噪声中生成模拟数据，判别器就是一个简单的二分类神经网络，用于判定输入的数据是来自真实的数据集还是生成的模拟数据。如果生成的模拟数据够真实，判别器是无法判断模拟数据和真实数据的。在整个训练过程中，判别器只是用来帮助训练生成器，一旦训练过程结束，判别器就没有用了。

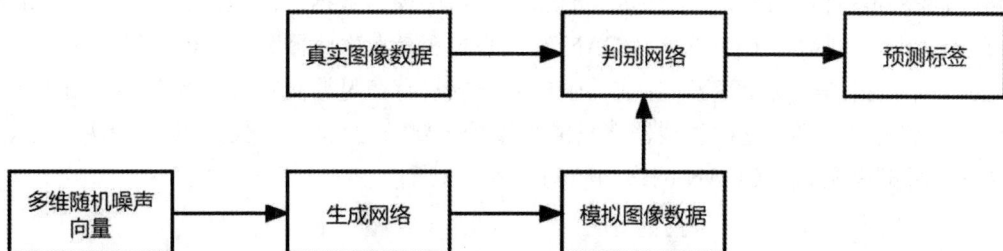

图 7-1　GAN 网络结构

### 2. DCGAN

DCGAN 是使用卷积神经网络的生成对抗网络，其原理和 GAN 一样，只是把卷积神经网络的卷积技术用于 GAN 模式的网络里，生成器（Generator）网络在生成数据时，使用反卷积的重构技术来重构原始图片。判别器（Discriminator）网络使用卷积技术来识别数据特征，并做出判别。为了让 GAN 能够适应于卷积神经网络结构，DCGAN 做出了一些改进，以提高数据样本的质量和模型的收敛速度。DCGAN 网络结构如图 7-2 所示。

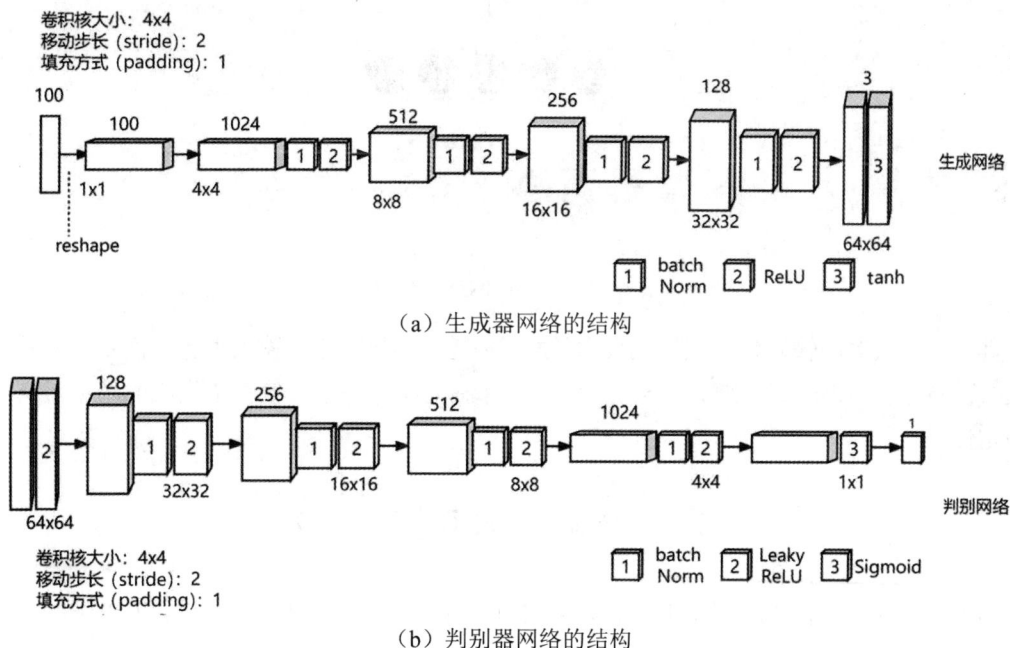

（a）生成器网络的结构

（b）判别器网络的结构

图 7-2　DCGAN 网络的结构

图 7-2（a）为生成器网络的结构，生成器使用 ReLU 函数作为激活函数，最后一层使用 tanh 函数作为激活函数，且去掉了全连接层，使网络变为全卷积网络。

图 7-2（b）为判别器网络的结构，判别器中利用卷积层代替了所有池化层，且使用 LeakyReLU 函数作为激活函数。

### 3. CGAN

GAN 生成的数据是随机的、不可预测的，无法控制网络输出特定的图片，生成目标不明确，可控性不强。针对 GAN 不能生成具有特定属性的模拟数据的问题，产生了条件生成对抗网络（Conditional GAN，CGAN）。CGAN 的核心思想是在生成器和判别器的输入中增加了额外的信息，如数据的类别标签等。生成器生成的数据只有在足够真实且与特定信息相匹配的情况下，才能够通过判别。这样生成器就只能生成指定要求的数据，一定程度上解决了 GAN 生成结果不确定性的问题。CGAN 网络的结构如图 7-3 所示。

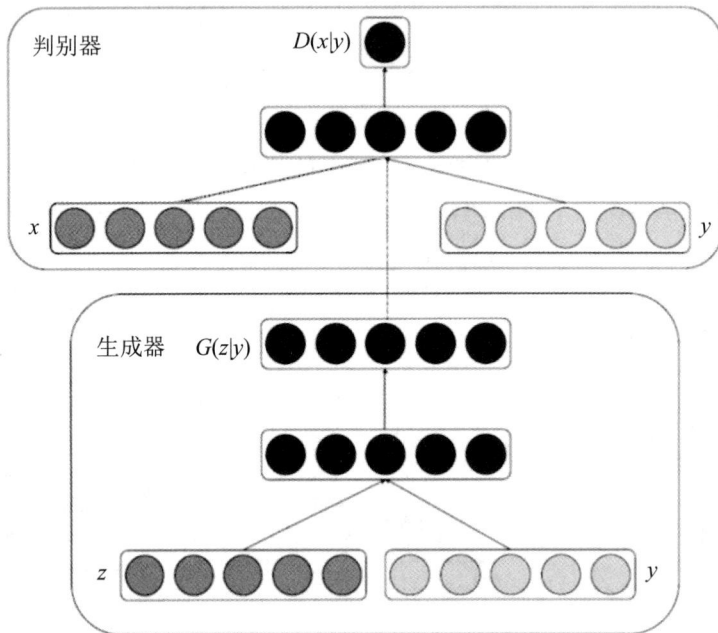

图 7-3　CGAN 网络的结构

其中，生成器的输入包含预生成数据的标签信息 $y$。判别器的输入也包含样本的标签信息 $y$，这就使判别器和生成器都可以学习到样本和标签之间的联系，使网络生成的结果具有一定的确定性。

## 7.2　随机种子及其使用方法

本节将介绍设置随机种子的必要性，生成随机种子的方法，以及如何设置 CPU 和 GPU 随机种子。

### 7.2.1　随机种子的意义

随机数是通过复杂算法生成的一个数字，而计算随机数的前提是提供一个初始值，这个初始值即为随机种子，如果随机种子相同，则生成的随机数也相同。随机数的生成过程是，初始化随机种子并将其提供给随机数生成算法，算法处理完成后，返回一个随机数和一个新的随机种子。如此重复前面的过程，将会不断产生新的随机数和随机种子。

在深度学习算法中，往往会用到随机向量、随机矩阵，这使每次运行算法程序时，得到的结果不一致，给算法调试带来了许多麻烦。为了保证多次运行一段代码时能够得到完全一样的结果，即保证实验结果的可复现性，可采用设置随机种子的方法来解决这个问题。

在训练深度学习网络时，其初始权重参数通常是随机生成的，而使用梯度下降法得到的计算结果对于初始权重参数的选择非常敏感。如果使用随机种子来初始权重参数，在较大程度上，可以减少由初始权重随机化所带来的算法结果的随机性，使每次实验的运行结果相同。

### 7.2.2　随机种子的生成方法

Torch 库提供了生成随机种子的函数 manual_seed，下面通过一个简单的例子来了解随机种子的设置方法，相应的代码如下：

```
import torch

#语句 1：设定第 1 个随机种子
torch.manual_seed(1)
#生成并输出第 1 个 Tensor，包含了从范围[0, 1)中抽取的一组随机数
print(torch.rand(1,2))
#语句 2：设定第 2 个随机种子
torch.manual_seed(2)
#生成并输出第 2 个 Tensor，包含了从范围[0, 1)中抽取的一组随机数
print(torch.rand(1,2))
```
输出结果：
```
tensor([[0.7576, 0.2793]])          #第 1 个 Tensor
tensor([[0.6147, 0.3810]])          #第 2 个 Tensor
```

代码说明：torch.manual_seed 函数用于设置随机种子，参数 seed 表示种子，其类型为整型，该函数返回的是随机数生成器对象。当 torch.manual_seed 函数设定了随机种子后，紧随其后语句中的随机数将会根据当前的随机种子来生成。上例中，语句 1 和语句 2 分别设置了不同的种子初始值，得到的第 1 个和第 2 个 Tensor 中的随机数也就不相同，如果反复运行上述代码，则得到的结果是一样的。

### 7.2.3　CPU 和 GPU 随机种子的设置

在深度学习中，可使用 torch.manual_seed 函数设置 CPU 和 GPU 随机种子，以固定初始权重参数的值，使网络训练的结果是确定的，相应的代码如下：

```
seed = random.randint(1, 100)       #从(1, 100)中获取一个随机数
random.seed(seed)                   #初始化随机种子
torch.manual_seed(seed)             #设置 CPU 和 GPU 随机种子
```

代码说明：torch.random.seed 函数用于生成一个随机数，参数 x 可以是随机整数。代码中

使用 torch.random.seed 函数生成一个随机数，作为 torch.manual_seed 函数的种子参数，再利用 torch.manual_seed 函数设定随机种子，来使深度学习网络生成固定的初始权重。

## 【项目实施】

# 任务 7.1　数 据 准 备

数据准备

### 【任务描述】

本任务将为 DCGAN 网络训练设置 CPU 和 GPU 随机种子，并对 MNIST 数据集进行标准化、加载等预处理。通过本任务的学习，能够学会随机种子设置的应用，掌握图像标准化的处理方法。

### 【实施思路】

（1）实现随机种子设置：利用 Torch 库的 manual_seed 函数实现对 CPU 和 GPU 随机种子的设置。

（2）实现数据预处理：利用 Torch 库的 MNIST 函数获取其内置数据集，同时进行数据预处理，包括标准化处理、划分训练集和测试集；再使用 Torch 库的 DataLoader 函数对数据进行加载。

### 【任务实施】

1. 导入库

这里需要引入的库包括 NumPy、Random、Matplotlib、Torchvision 和 Torch，其中 NumPy 用于处理数组，Random 用于生成随机数，Matplotlib 用于绘制图形，Torchvision 用于加载数据集和进行数据预处理，Torch 则用于构建和训练网络。导入库的代码如下：

```
import random
import numpy as np
import matplotlib.pyplot as plt
import torch
from torch.utils.data import DataLoader
from torchvision import datasets, transforms
import torchvision.utils as utils
```

2. 设置 CPU 和 GPU 随机种子

所构建的网络训练将交替配置 CPU 和 GPU 以获得较好的训练效率，为了保证训练结果的确定性，利用 Torch 库的 manual_seed 函数设置 CPU 和 GPU 随机种子，设置代码如下：

```
#获取(1, 10000)范围内的随机数
manualSeed = random.randint(1, 10000)
#初始化随机种子
```

```
random.seed(manualSeed)
#设置 CPU 和 GPU 随机种子
torch.manual_seed(manualSeed)
```

### 3. 数据预处理

数据增广和加载等预处理将分别采用 Torchvision 库 MNIST 函数和 Torch 的 DataLoader 函数来完成，相应的代码如下。

```
#下载数据，进行数据标准化等预处理
dataset = datasets.MNIST(root='../data',
                        download=True,
                        transform=transforms.Compose([
                        transforms.Resize(28),
                            transforms.ToTensor(),
                            transforms.Normalize((0.1307,), (0.3081,))
                        ]))

#加载数据
data_loader = DataLoader(dataset, batch_size=64,
                        shuffle=True, num_workers=2)
```

### 4. 观察数据

为了查看 MNIST 数据集中的一组手写数字，可以利用 Torchvision 库的 make_grid 函数来将多个数字拼接成一张图片，再利用 Matplotlib 库的函数绘制和显示出来，相应的代码如下：

```
#指定网络或数据所使用的设备配置（CPU 或 GPU）
DEVICE = torch.device('cuda:0' if torch.cuda.is_available() else 'cpu')
#语句 1：读取一个批次的训练数据
real_batch = next(iter(data_loader))
#提取当前批次中的手写数字图像和标签
real_npimgs, real_labels = real_batch
#将手写数字图像数据加载到 GPU 上
real_npimgs = real_npimgs.to(DEVICE)
#语句 2：将当前批次中的手写数字图像进行拼接
real_npimgs_grid = utils.make_grid(real_npimgs, padding=2, normalize=True)
#将手写数字图像数据加载到 CPU 上
real_npimgs_grid = real_npimgs_grid.cpu()
#根据 plt.imshow 函数要求进行维度转换
real_images_grid = np.transpose(real_npimgs_grid,(1,2,0))
plt.figure(figsize=(8,8))
plt.axis('off')
plt.title('Training Images')
plt.imshow(real_images_grid)
plt.show()
```

运行以上代码，输出结果如图 7-4 所示。

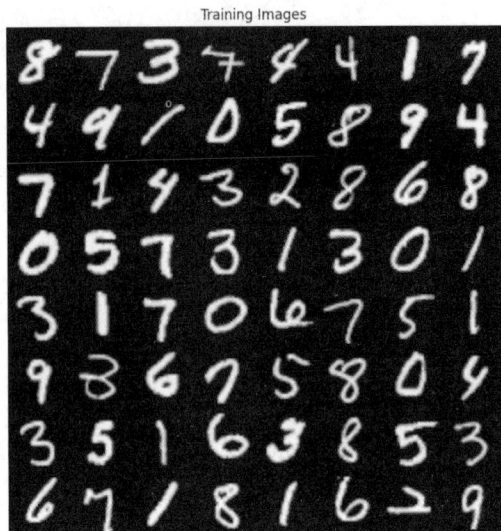

图 7-4　一个批次的手写数字图像

代码说明：

- 语句 1 中的 iter 函数返回一个 data_loader 的迭代对象，next 函数则返回该迭代对象中的第一项，即第 1 个批次数据集，默认批次数为 64。
- 语句 2 中的 make_grid 函数用于拼接图片，它的常用参数有 tensor、padding 和 normalize，其中 tensor 为参与拼接的一组图片，padding 表示拼接后各图像区域的间距，normalize 表示是否将图片标准化到[0, 1]范围。

# 任务 7.2　DCGAN 网络的搭建与训练配置

## 【任务描述】

在任务 7.1 的基础上，采用 DCGAN 构建生成对抗网络，并进行相应的训练配置，包括定义损失函数和优化器。通过本任务的学习，能够学会搭建 DCGAN 网络，能够定义相适应的损失函数和优化器。

DCGAN 网络的
搭建与训练配置

## 【实施思路】

（1）实现网络的构建：确定 DCGAN 网络的结构，使用 Torch 库的 nn.Model 类定义 DCGAN 生成器网络和判别器网络。

（2）实现训练配置：定义损失函数和优化器。

## 【任务实施】

1. 确定 DCGAN 网络的结构

在 DCGAN 网络中，生成器是反卷积过程，用于从随机噪声逐步生成假图像；判别器是卷积过程，从生成的假图像中提取特征与原图像比对，直到达到真假难辨为止。

从图 7-2 可以看到，该网络生成的图像尺寸为 64×64×3，先是由生成器从 100×1×1 开始，经过多次反卷积操作得到 64×64×3 的假图像结果，再由判别器通过多次卷积操作完成真假图像的判别。基于图 7-2 构建本任务中的 DCGAN 网络，MNIST 数据集中的图像是灰度图，即图像的 channels 为 1，DCGAN 网络生成器最后的输出通道数和判别器第 1 个输入通道数为 1。

（1）DCGAN 生成器网络的结构。

1）GC1 层（反卷积层）。

输入图像大小：通道数×高×宽=100×1×1。

输入通道数（in_channels）：100。

输出通道数（out_channels）：512。

卷积核大小（kernel_size）：4×4。

输出图像（特征图像）大小：512×4×4。

2）GC2（反卷积层）。

输入图像大小：通道数×高×宽=512×4×4。

输入通道数（in_channels）：512。

输出通道数（out_channels）：256。

卷积核大小（kernel_size）：4×4。

输出图像（特征图像）大小：256×8×8。

3）GC3（反卷积层）。

输入图像大小：通道数×高×宽=256×8×8。

输入通道数（in_channels）：256。

输出通道数（out_channels）：128。

卷积核大小（kernel_size）：4×4。

输出图像（特征图像）大小：128×16×16。

4）GC4（反卷积层）。

输入图像大小：通道数×高×宽=128×16×16。

输入通道数（in_channels）：128。

输出通道数（out_channels）：64。

卷积核大小（kernel_size）：4×4。

输出图像（特征图像）大小：64×32×32。

5）GC5（反卷积层）。

输入图像大小：通道数×高×宽=64×32×32。

输入通道数（in_channels）：64。

输出通道数（out_channels）：1。

卷积核大小（kernel_size）：4×4。

输出图像（特征图像）大小：1×64×64。

（2）DCGAN 判别器网络的结构。

1）DC1 层（卷积层）。

输入图像大小：通道数×高×宽=1×64×64。

输入通道数（in_channels）：1。

输出通道数（out_channels）：64。

卷积核大小（kernel_size）：4×4。

输出图像（特征图像）大小：64×32×32。

2）DC2（卷积层）。

输入图像大小：通道数×高×宽=64×32×32。

输入通道数（in_channels）：64。

输出通道数（out_channels）：128。

卷积核大小（kernel_size）：4×4。

输出图像（特征图像）大小：128×16×16。

3）DC3（卷积层）。

输入图像大小：通道数×高×宽=128×16×16。

输入通道数（in_channels）：128。

输出通道数（out_channels）：256。

卷积核大小（kernel_size）：4×4。

输出图像（特征图像）大小：256×8×8。

4）DC4（卷积层）。

输入图像大小：通道数×高×宽=256×8×8。

输入通道数（in_channels）：256。

输出通道数（out_channels）：1。

卷积核大小（kernel_size）：4×4。

输出图像（特征图像）大小：1×1×1。

2. 定义 DCGAN 网络

（1）导入库。网络类使用 nn.Module 定义，需要导入 Torch 库的 nn 模块。导入库的代码如下：

```
import torch.nn as nn
```

（2）设置网络参数。在网络结构定义中，需要使用一些参数，其定义代码如下。

```
nc = 1              #输入图像的通道数
ngpu = 1            #GPU 的数量
nz = 100            #随机输入的图像大小
ngf = 64            #生成器的卷积核个数
ndf = 64            #判别器的卷积核个数
```

（3）定义生成器网络类。通过继承 nn.Module 定义生成器网络类，类名为 Generator，代码如下：

```
class Generator(nn.Module):
    #构造方法初始化
    def __init__(self, nz, ngf, nc):
        super(Generator, self).__init__()
        self.nz = nz
        self.ngf = ngf
        self.nc=nc
        #图像的 channels 维度变化为 100→512→256→128→64→1
        self.main = nn.Sequential(
            #定义输入为 100 的第 1 个反卷积层
            nn.ConvTranspose2d(in_channels=self.nz, out_channels=self.ngf * 8,
                    kernel_size=4, stride=1, padding=0, bias=False),
            nn.BatchNorm2d(self.ngf * 8),
            nn.ReLU(True),
            #定义输入为(ngf*8)×4×4 的第 2 个反卷积层
            nn.ConvTranspose2d(in_channels=self.ngf * 8, out_channels=self.ngf * 4,
                    kernel_size=4, stride=2, padding=1, bias=False),
            nn.BatchNorm2d(self.ngf * 4),
            nn.ReLU(True),
            #定义输入为(ngf*4)×8×8 的第 3 个反卷积层
            nn.ConvTranspose2d(in_channels=self.ngf * 4, out_channels=self.ngf * 2,
                    kernel_size=4, stride=2, padding=1, bias=False),
            nn.BatchNorm2d(self.ngf * 2),
            nn.ReLU(True),
            #定义输入为(ngf*2)×16×16 的第 4 个反卷积层
            nn.ConvTranspose2d(in_channels=self.ngf * 2, out_channels=self.ngf,
                    kernel_size=4, stride=2, padding=1, bias=False),
            nn.BatchNorm2d(self.ngf),
            nn.ReLU(True),
            #定义输入为(ngf)×32×32 的第 5 个反卷积层
            nn.ConvTranspose2d(in_channels=self.ngf, out_channels=self.nc,
                    kernel_size=4, stride=2, padding=1, bias=False),

            nn.Tanh()

        )
    #定义前向传播的计算过程
    def forward(self, input):
        #调用 self.main 函数处理输入，返回(nc)×64×64
        return self.main(input)
```

代码说明：

● nn.ConvTranspose2d 函数用于进行反卷积运算，其主要参数有 in_channels（输入通道数）、out_channels（输出通道数）、kernel_size（卷积核大小）、stride（卷积核移动步长）、padding（图像填充行列数）、bias（卷积偏置），代码中的 bise 为 True 表示增加模型的泛化能力。

● nn.BatchNorm2d 函数的作用是对数据进行批量的归一化处理，使网络性能更为稳定，但在批次值较小时效果不理想。其参数 num_features 为输入的特征数，即通道数。

（4）定义判别器网络类。通过继承 nn.Module 定义判别器网络类，类名为 Discriminator，代码如下：

```python
class Discriminator(nn.Module):
    #构造方法初始化
    def __init__(self, ndf, nc):
        super(Discriminator, self).__init__()
        self.ndf=ndf
        self.nc=nc
        #图像的 channels 维度变化为 1→64→128→256
        self.main = nn.Sequential(
            #定义输入为(nc)×64×64 的第 1 个卷积层
            nn.Conv2d(in_channels=self.nc, out_channels=self.ndf, kernel_size=4,
                        stride=2, padding=1, bias=False),
            nn.LeakyReLU(0.2, inplace=True),

            #定义输入为(ndf)×32×32 的第 2 个卷积层
            nn.Conv2d(in_channels=self.ndf,  out_channels=self.ndf * 2,
                        kernel_size=4, stride=2, padding=1, bias=False),
            nn.BatchNorm2d(self.ndf * 2),
            nn.LeakyReLU(0.2, inplace=True),

            #定义输入为(ndf*2)×16×16 的第 3 个卷积层
            nn.Conv2d(in_channels=self.ndf * 2, out_channels=self.ndf * 4,
                        kernel_size=4, stride=2, padding=1, bias=False),
            nn.BatchNorm2d(self.ndf * 4),
            nn.LeakyReLU(0.2, inplace=True),

            #定义输入为(ndf*4)×8×8 的第 4 个卷积层
            nn.Conv2d(in_channels=self.ndf * 4, out_channels=1,
                        kernel_size=4, stride=2, padding=1, bias=False),

            #对于输入为(1)×1×1，定义二分类判断函数
            nn.Sigmoid()
        )

    #定义前向传播的计算过程
    def forward(self, input):
        #调用 self.main 函数处理输入
        return self.main(input)
```

（5）设置网络的初始权重。通过函数形式，对网络的卷积层和归一化层分别进行初始化，代码如下：

```
def weights_init(m):
    classname = m.__class__.__name__

    if classname.find('Conv') != -1:
        nn.init.normal_(m.weight.data, 0.0, 0.02)        #卷积层
    elif classname.find('BatchNorm') != -1:
        nn.init.normal_(m.weight.data, 1.0, 0.02)        #归一化层
        nn.init.constant_(m.bias.data, 0)
```

（6）创建 DCGAN 网络实例并初始化权重。由于初始权重 DCGAN 网络包括生成器和判别器两个部分，所以需要分别进行实例化处理。

1）生成器网络实例化的代码如下：

```
#创建生成器 Generator 类的实例
netG = Generator(nz,ngf,nc).to(device)
#设置生成器网络的初始权重
netG.apply(weights_init)
```

运行以上代码，输出结果如图 7-5 所示。

```
Generator(
  (main): Sequential(
    (0): ConvTranspose2d(100, 512, kernel_size=(4, 4), stride=(1, 1), bias=False)
    (1): BatchNorm2d(512, eps=1e-05, momentum=0.1, affine=True, track_running_stats=True)
    (2): ReLU(inplace=True)
    (3): ConvTranspose2d(512, 256, kernel_size=(4, 4), stride=(2, 2), padding=(1, 1), bias=False)
    (4): BatchNorm2d(256, eps=1e-05, momentum=0.1, affine=True, track_running_stats=True)
    (5): ReLU(inplace=True)
    (6): ConvTranspose2d(256, 128, kernel_size=(4, 4), stride=(2, 2), padding=(1, 1), bias=False)
    (7): BatchNorm2d(128, eps=1e-05, momentum=0.1, affine=True, track_running_stats=True)
    (8): ReLU(inplace=True)
    (9): ConvTranspose2d(128, 64, kernel_size=(4, 4), stride=(2, 2), padding=(1, 1), bias=False)
    (10): BatchNorm2d(64, eps=1e-05, momentum=0.1, affine=True, track_running_stats=True)
    (11): ReLU(inplace=True)
    (12): ConvTranspose2d(64, 1, kernel_size=(4, 4), stride=(2, 2), padding=(1, 1), bias=False)
    (13): Tanh()
  )
)
```

图 7-5　DCGAN 生成器网络的结构

运行结果分析：由图 7-5 可知，所构建的生成器网络包括 ConvTranspose2d、BatchNorm2d、ReLU、Tanh 等层，且各层相关参数与前面定义的网络结构是一一对应的。

2）判别器网络实例化的代码如下：

```
#创建判别器 Discriminator 类的实例
netD = Discriminator(ndf,nc).to(device)
#设置判别器网络的初始权重
netD.apply(weights_init)
```

运行以上代码，输出结果如图 7-6 所示。

```
Discriminator(
  (main): Sequential(
    (0): Conv2d(1, 64, kernel_size=(4, 4), stride=(2, 2), padding=(1, 1), bias=False)
    (1): LeakyReLU(negative_slope=0.2, inplace=True)
    (2): Conv2d(64, 128, kernel_size=(4, 4), stride=(2, 2), padding=(1, 1), bias=False)
    (3): BatchNorm2d(128, eps=1e-05, momentum=0.1, affine=True, track_running_stats=True)
    (4): LeakyReLU(negative_slope=0.2, inplace=True)
    (5): Conv2d(128, 256, kernel_size=(4, 4), stride=(2, 2), padding=(1, 1), bias=False)
    (6): BatchNorm2d(256, eps=1e-05, momentum=0.1, affine=True, track_running_stats=True)
    (7): LeakyReLU(negative_slope=0.2, inplace=True)
    (8): Conv2d(256, 512, kernel_size=(4, 4), stride=(2, 2), padding=(1, 1), bias=False)
    (9): BatchNorm2d(512, eps=1e-05, momentum=0.1, affine=True, track_running_stats=True)
    (10): LeakyReLU(negative_slope=0.2, inplace=True)
    (11): Conv2d(512, 1, kernel_size=(4, 4), stride=(1, 1), bias=False)
    (12): Sigmoid()
  )
)
```

图 7-6　DCGAN 判别器网络的结构

运行结果分析：由图 7-6 可知，所构建的判别器网络包括 Conv2d、LeakReLU、BatchNorm2d、Sigmoid 等层，且各层中相关的参数与前面定义的网络结构是一一对应的。

3. 训练配置

这里的损失函数采用二分类交叉熵损失函数 BCEloss，优化器则使用 Adam。训练配置的代码如下：

```
import torch.optim as optim

#定义损失函数
criterion = nn.BCELoss()
#定义生成器网络优化器
optimizerG = optim.Adam(netG.parameters(), lr=0.0002, betas=(0.5, 0.999))
#定义判别器网络优化器
optimizerD = optim.Adam(netD.parameters(), lr=0.0002, betas=(0.5, 0.999))
```

# 任务 7.3　DCGAN 网络训练与模型评估

## 【任务描述】

在任务 7.2 的基础上，对训练集进行 DCGAN 网络训练，对训练好的 DCGAN 模型进行评估，使用真实数据应用该模型，并对结果进行分析。通过本任务的学习，能够学会对 DCGAN 网络进行训练，掌握评估和应用 DCGAN 模型的方法，以及对模型应用的结果进行分析的方法。

DCGAN 网络训练
与模型评估

## 【实施思路】

（1）实现网络训练：通过网络预测→计算损失→优化参数等环节，在训练集中循环进行多次操作。

（2）实现模型评估：根据多次网络训练过程中生成器网络和判别器网络损失值的变化，

来评估 DCGAN 模型的稳定性。

（3）实现模型保存：利用 Torch 库的 save 函数，将训练好的 DCGAN 模型保存为文件形式。

（4）实现模型应用：将随机产生的噪声作为 DCGAN 模型生成器的输入，生成一个批次的手写数字图像，对模型应用的结果进行分析。

## 【任务实施】

### 1. 定义训练网络函数

通过函数形式定义训练函数，函数名为 train，代码如下：

```
def train(data_loader, num_epochs, device, real_label, fake_label, netG, netD, criterion, opt_G, opt_D, nz,
fixed_noise):
        #获取总的批次数
        total_batchs = len(data_loader)
        #初始化损失值
        Loss_D = 0.0
        Loss_G = 0.0
        for i, data in enumerate(data_loader, 0):
            ###########################
            #第1阶段：训练判别器
            ###########################
            #从 MNIST 数据集中读取一个批次的真图像数据，加载到 device 上
            r_images = data[0].to(device)
            #获取一个批次的样本数
            batch_size = r_images.size(0)
            #构建一个批次的真图像标签
            r_labels = torch.full((batch_size,), real_label, device=device).float()
            #将真图像输入判别器，得到真图像的预测结果
            r_output = netD(r_images).view(-1)
            #计算判别器在真图像上的损失
            errD_real = criterion(r_output, r_labels)
            #计算真图像预测结果的均值
            D_x = r_output.mean().item()

            #产生噪声数据
            noise = torch.randn(batch_size, nz, 1, 1, device=device)
            #将噪声输入生成器，生成一个批次的假图像
            f_images = netG(noise)
            #构建一个批次的假图像标签
            f_labels = torch.full((batch_size,), fake_label, device=device).float()
            #将假图像输入判别器，返回假图像的预测结果
            f_output = netD(f_images.detach()).view(-1)
            #计算判别器在假图像上的损失
            errD_fake = criterion(f_output, f_labels)
            #计算判别器在真假图像上的损失之和
            errD = errD_real + errD_fake
            #累计本次训练的判别器的损失
            Loss_D += errD.item()
```

```
#计算假图像预测结果的均值
D_G_z1 = f_output.mean().item()

#将生成器的优化器梯度清零
opt_D.zero_grad()
#反向传播
errD.backward()
#更新判别器的参数
opt_D.step()


############################
#第 2 阶段：训练生成器
############################
#构建 1 个批次的真图像标签
r_labels_2 = torch.full((batch_size,), real_label, device=device).float()
#将第 1 阶段生成的假图像输入判别器，返回假图像的预测结果
f_output_2 = netD(f_images).view(-1)
#计算真图像标签与假图像的误差，得到生成器损失
errG = criterion(f_output_2, r_labels_2)
#累计本次训练的生成器的损失
Loss_G += errG.item()

#计算假图像预测结果的均值
D_G_z2 = f_output_2.mean().item()
#将生成器的优化器梯度清零
opt_G.zero_grad()
#反向传播
errG.backward()
#更新生成器的参数
opt_G.step()


if i % 100 == 0:
    print('[%d/%d][%d/%d] Loss_D: %.4f Loss_G: %.4f D(x): %.4f
                D(G(z)): %.4f / %.4f'
        % (epoch, num_epochs, i, len(data_loader),
            errD.item(), errG.item(), D_x, D_G_z1, D_G_z2))
    #保存真图像
    utils.save_image(r_images,'../tmp/real_samples.png' ,normalize=True)
    #使用当前训练次数下的生成器，生成假图像
    fake = netG(fixed_noise)
    #保存假图像
    utils.save_image(fake.detach(),'../tmp/fake_samples_epoch_%03d.png'
                % (epoch), normalize=True)
#计算本次训练中生成器和判别器的平均损失
Loss_D /= total_batchs
Loss_G /= total_batchs
return Loss_G, Loss_D
```

## 2. 初始化网络训练过程参数

对于网络训练过程中所需的一些参数变量进行初始化，代码如下：

```
#初始化噪声数据
fixed_noise = torch.randn(100, nz, 1, 1, device=device)
#设置真、假图像标签
real_label = 1
fake_label = 0
#设置训练次数
num_epochs = 25
#初始化生成器和判别器损失值数组
G_loss = []
D_loss = []
```

## 3. 训练网络和评估模型

通过调用 train 函数进行生成器网络和判别器网络的训练，代码如下：

```
#对 DCGAN 进行 num_epochs 次训练
for epoch in range(num_epochs):
    #调用 train 函数，进行网络训练
    epoch_loss_g, epoch_loss_d = train(data_loader,num_epochs, device, real_label, fake_label,
                netG, netD, criterion, optimizerG, optimizerD, nz, fixed_noise)
    #将本次训练生成器的损失值加入 G_loss 数组
    G_loss.append(epoch_loss_g)
    #将本次训练判别器的损失值加入 D_loss 数组
    D_loss.append(epoch_loss_d)
    print('Epoch: %d G Loss: %f D Loss: %f'%(epoch, epoch_loss_g, epoch_loss_d))
```

运行上述代码，对比所生成的手写数字图像与 MNIST 数据集中的图像，如图 7-7 所示。

（a）MNIST 数据集中的手写数字图像　　　　（b）生成的手写数字图像

图 7-7　DCGAN 网络的训练结果

运行结果分析：图 7-7（a）为 MNIST 数据集中的手写数字图像，图 7-7（b）为生成的手写数字图像，通过观察可以发现，经过 num_epochs 次训练后，可以分辨出所生成手写数字的含义。

### 4. 保存模型

网络训练好后，分别以文件形式保存生成器模型和判别器模型，代码如下：

```
torch.save(netG, '../model/model-netG.pth')      #保存 DCGAN 生成器模型
torch.save(netD, '../model/model-netD.pth')      #保存 DCGAN 判别器模型
```

### 5. 应用模型

将随机噪声作为生成器的输入，生成一个批次的假图像，以观察其可分辨程度。应用模型的代码如下：

```
#设置图形窗口的宽和高
plt.figure(figsize=(8, 4))

#绘制真图像
plt.subplot(1, 2, 1)
plt.axis("off")
plt.title("Real Images")
real = next(iter(data_loader))
images = real[0].to(device)      #real[0]是数据集元组的第 1 个元素，即图像 real[1]是标签
images = utils.make_grid(images, padding=2, normalize=True)
images = images.cpu()
images = np.transpose(images, (1,2,0))
plt.imshow(images)

#加载模型
G = torch.load('../model/model-netG.pth')
#设置为测试模式
G.eval()

#生成假图像
with torch.no_grad():
    #产生随机噪声
    fixed_noise = torch.randn(64, 100, 1, 1)
    #生成一个批次的假图像
    fake = G(fixed_noise.to(device))
    #将一个批次的假图像拼接成一张图片
    fake = utils.make_grid(fake, padding=2, normalize=True)
    #将假图像转换为 ndarray 类型
    fake = fake.cpu().detach().numpy()
    #根据 plt.imshow 函数要求进行维度转换
    fake = np.transpose(fake,(1,2,0))

    #绘制假图像
    plt.subplot(1, 2, 2)
    plt.axis("off")
    plt.title("Fake Images")
    plt.imshow(fake)
    plt.show()
```

运行以上代码，输出结果如图 7-8 所示。

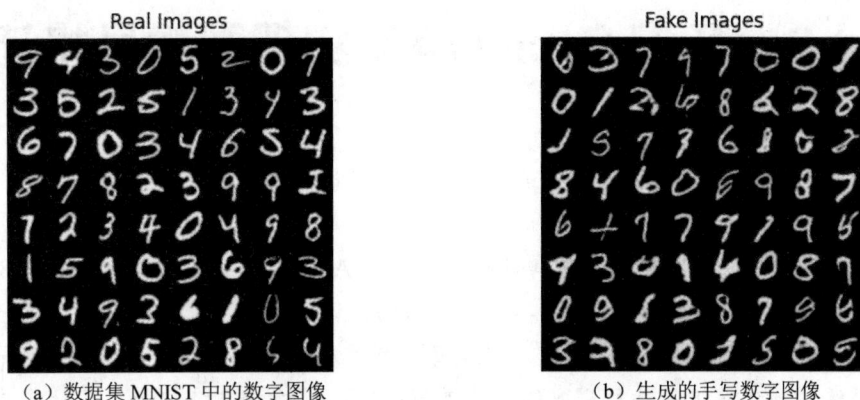

（a）数据集 MNIST 中的数字图像　　　　　（b）生成的手写数字图像

图 7-8　使用 DCGAN 模型生成的手写数字图像

运行结果分析：从图 7-8 中可以观察到，由随机噪声作为输入，通过模型生成的手写数字图像［图 7-8（b）］中包含了 0～9 十个数字对应的图像，均具有较好的可辨识性，其与原始数据集 MNIST 中数字图像［图 7-8（a）］相比，也具有较好的相似度。

# 项 目 小 结

1．生成对抗网络是一种用于生成模拟数据的神经网络结构，由生成器和判别器这两个深度神经网络模型组成。它广泛应用于深度学习各个领域，如人机博弈、图像分割、视频预测、风格迁移等。

2．生成器的任务是从随机噪声中生成模拟数据；判别器是一个简单的二分类神经网络，用于判定输入的数据是来自真实的数据集还是由生成器生成的模拟数据。

3．经典的生成对抗网络有 GAN、DCGAN、CGAN 和 CycleGAN 等，其中 GAN 为生成对抗网络的基本架构，其余均为其变种网络。

# 课 后 练 习

项目 7　课后练习答案

## 一、简答题

1．简述生成对抗网络的结构和应用场景。

2．简述 GAN、DCGAN 和 CGAN 网络的异同之处。

## 二、实操题

参考任务 7.1～任务 7.3，利用 DCGAN 模型实现图像生成模型的搭建和训练。

# 项目 8  基于 CycleGAN 实现图像风格迁移

## 【项目导读】

图像风格迁移是一种技术，利用算法将一幅图像 A 的风格应用到另一幅图像 B 上，同时尽可能保留图像 B 的原有内容。例如，使用手机的滤镜功能，可以将油画风格迁移到人物摄影图片上，使人物具有油画的笔触感，这就是基于图像风格迁移技术的应用。随着深度学习的兴起，利用卷积神经网络的特征提取能力能够将图像的风格抽象特征和内容抽象特征进行分离，并通过独立处理这些特征，从而有效实现图像风格迁移，得到十分可观的艺术效果。这也使基于深度学习的图像风格迁移成为学术界和工业界的关注热点。

项目 7 中提及但未介绍的 CycleGAN（循环生成对抗网络）就是一种可用于图像风格迁移的深度学习网络。与 DCGAN 相比，CycleGAN 的结构更为复杂，图像的处理能力也更强，主要表现在它不仅能够随机生成图片，还能够实现图片的变换处理。

本项目的要求是利用深度学习网络，实现图像修复或图像滤镜所需的图像风格转换，希望能够达成的效果是输入一幅普通的橙子图像，深度学习模型可以将它转换为苹果风格的图像，同时保留原有橙子图像中的内容信息。

所使用的数据集由苹果和橙子两种图像数据组成。该数据集已划分了训练集和测试集，其中训练集各 400 张，测试集同样是各 400 张，图像尺寸均为 256×256。CycleGAN 的出现，使图像风格迁移的实现突破了源域和目标域必须是相同图像的限制，类似于监督学习，转换效果也更佳。本项目将采用 CycleGAN 实现两种不同类图像之间的风格迁移。本项目将通过以下 3 个任务完成：

（1）数据准备。
（2）CycleGAN 网络的搭建与训练配置。
（3）CycleGAN 网络训练与模型评估。

## 【项目基础知识】

## 8.1  CycleGAN 网络结构

CycleGAN 被称为循环生成对抗网络，是 GAN 的一个变种，主要应用于域迁移领域，如风格迁移、物体转换和季节转化、图像增强等。在 CycleGAN 出现之前，人们大多使用 Pix2Pix 实现图像风格转换，但 Pix2Pix 具有很大的局限性，它要求风格迁移中的两种风格图像要相对应，如影像地图图像与矢量地图图像，而现实中很难找到风格不同的相同图像。CycleGAN 的创新在于两种风格图像之间无须建立一对一的映射关系，如橙子图像和苹果图像就可以实现风格迁移，还可以在两者之间进行域迁移。在风格迁移中，迁移之前的图像风格称为源域，迁移之后的图像风格称为目标域。风格迁移时，CycleGAN 首先将图像从源域转换到目标域，再从目标域转回源域，如果两次转换的误差都很小，那么转换后的图像应该与输入的图像基本一致。通过这样的来回转换，CycleGAN 能够自主地将转换前、后图片的一一配对，类似于监督学习打标签，提升了转换效果。这种目标域和源域之间的来回转换也称为循环。CycleGAN 网络的结构如图 8-1 所示。

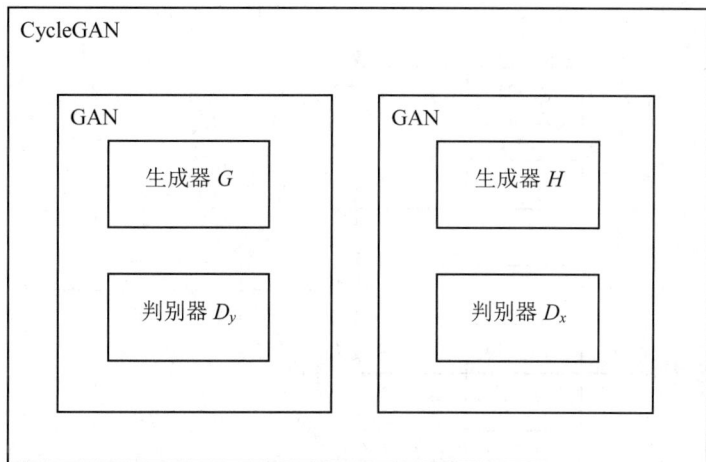

图 8-1　CycleGAN 网络的结构

由图 8-1 可以看出，CycleGAN 的结构由两个普通的 GAN 组成，每个 GAN 内部都有一个生成器网络。其中一个生成器 $G$ 学习计算如何从源域转换为目标域，另一个生成器 $H$ 学习计算如何从目标域转换为源域。此外，每个生成器都与一个判别器相关联，判别器 $D_y$ 用于判别源域转换为目标域后的结果是否逼近真实目标域，判别器 $D_x$ 用于判别目标域转换为源域后的结果是否逼近真实源域。只要保证生成器和判别器的误差足够小，就能将训练数据一一配对，完成模型训练。

## 8.2　图像风格迁移的工作原理

本节将通过实际应用场景中图像风格迁移的实现过程，进一步介绍 CycleGAN 网络结构中生成器和判断器的工作原理。

由 8.1 节可知，CycleGAN 网络的结构包括两个生成器和判别器，那么，它们是如何相互配合实现图像风格迁移的呢？

先将图像风格迁移算法要解决的问题再明确一下，它要解决的问题是指定一幅输入图像作为基础图像，该图像也被称为内容图像；同时指定另一幅或多幅图像作为希望得到的图像风格，算法在保证内容图像结构的同时，将图像风格进行转换，使最终输出的合成图像呈现出内容图像和图像风格的完美结合。其中，图像风格可以是某一艺术家的作品，也可以是由个人拍摄的图像所呈现出来的风格。

接着，就以马图像和斑马图像为例，来说明 CycleGAN 网络实现图像风格迁移的工作原理，如图 8-2 所示。

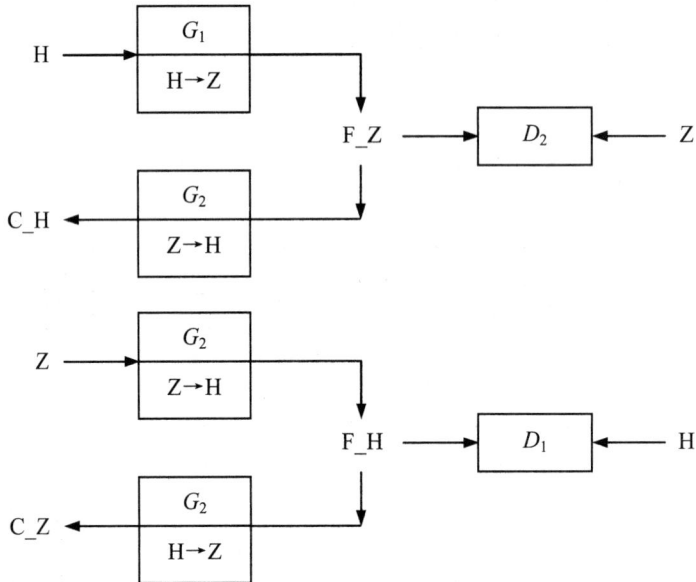

图 8-2　CycleGAN 网络实现马图像和斑马图像间风格迁移的工作原理

在图 8-2 中，$G_1$ 和 $G_2$ 均为生成器，$D_1$ 和 $D_2$ 均为判别器。其中 $G_1$ 用于将真实马图像转换为（假）斑马图像，或者将（假）马图像再转换回斑马图像；$G_2$ 的作用与 $G_1$ 相反；$D_1$ 用于判别真实马图像和（假）马图像；$D_2$ 的作用与 $D_1$ 相反。马图像和斑马图像风格转换的处理过程如下：

（1）将真实马图像 H 输入 $G_1$，将其转换为相同状态的（假）斑马图像 F_Z，再将（假）斑马图像 F_Z 输入 $G_2$，将其恢复为相同状态的马图像 C_H，形成一个循环（Cycle）。

（2）将真实斑马图像 Z 输入 $G_2$，将其转换为相同状态的（假）马图像 F_H，再将（假）马图像 F_H 输入 $G_1$，将其恢复为相同状态的斑马图像 C_Z，形成一个循环（Cycle）。

（3）每当 $G_1$ 生成了（假）斑马图像，都需要经过 $D_2$ 进行判别；每当 $G_2$ 生成了（假）马图像，都需要经过 $D_1$ 进行判别。

（4）每次转换时，生成器 $G_1$ 的损失包括真实马图像 H 生成（假）斑马图像 F_Z 的相似度损失、真实斑马图像 Z 生成相同斑马图像 Z 的相似度损失、判别器 $D_2$ 鉴别（假）斑马图像 F_Z 的损失（生成器 $G_1$ 希望被判别为真实斑马）；生成器 $G_2$ 的损失计算与之类似。生成器的总体损失为 $G_1$ 的损失和 $G_2$ 的损失之和。

（5）每次转换时，判别器 $D_1$ 的损失包括鉴别真马图像 H 的损失和鉴别（假）马图像 F_H 的损失；判别器 $D_2$ 的损失计算与之类似。判别器的总体损失为 $D_1$ 的损失和 $D_2$ 的损失的均值。

# 【项目实施】

# 任务 8.1 数据准备

数据准备

## 【任务描述】

本任务将对苹果图像和橙子图像的数据集进行标准化、图像增广和加载等预处理。通过本任务的学习，能够进一步熟练应用图像数据标准化和图像增广的处理方法。

## 【实施思路】

利用 Python 内置库的 glob 函数读取文件夹中的图像文件，使用 Torchvision 库的 transforms 函数进行数据预处理，包括标准化和图像增广等；再使用 Torch 库的 DataLoader 函数对数据进行加载。

## 【任务实施】

### 1. 导入库

这里需导入的库有 Torch、Torchvision、NumPy、Matplotlib、PIL 和 glob，前面 4 个库的作用与之前的项目是一样的，PIL 库用于以 PIL 格式读取图像数据，glob 是 Python 的内置库，用于获取文件夹中的文件，相应的代码如下：

```
import torch
from torch.utils import data
import torchvision
from torchvision import transforms
import numpy as np
import matplotlib.pyplot as plt
import glob
from PIL import Image
```

### 2. 数据预处理

苹果图像和橙子图像的数据集保存于 4 个文件夹中，其中 trainA 和 trainB 分别存放着训练集的数据，testA 和 testB 则分别存放着测试集的数据。先读取一幅图像了解该图像的基本情况，再进行数据的读取、标准化、图像增广和加载操作。

（1）观察图像数据。从 trainA 文件夹中读取第一幅苹果图像，并显示出来，相应的代码如下：

```
#打开第一幅苹果图像文件，返回 PIL 格式图像
image = Image.open('../data/trainA/n07740461_6908.jpg')
#绘制图像
plt.imshow(image)
#显示图像
plt.show()
```

运行上述代码，输出结果如图 8-3 所示。

图 8-3　数据集中的第一幅苹果图像

运行结果分析：由图 8-3 可知，该图像数据文件所在目录是../data/trainA，图像大小为 256×256。

（2）定义数据集类。由于这里使用的数据集来自文件夹，所以需要先定义一个数据集类，这样 DataLoader 函数才能对其进行加载处理，相应的代码如下：

```
#获取训练数据集
apple_path = glob.glob('../data/trainA/*.jpg')
orange_path = glob.glob('../data/trainB/*.jpg')

#获取测试数据集
apple_test_path = glob.glob('../data/testA/*.jpg')
orange_test_path = glob.glob('../data/testB/*.jpg')

#定义数据集类
class AppleOrangeDataset(data.Dataset):
    #初始化参数
    def __init__(self, img_path):
        #初始化保存图像路径的数组
        self.img_path = img_path
        #定义数据标准化等预处理操作
        self.transform = transforms.Compose([
            transforms.ToTensor(),
            transforms.Normalize(0.5, 0.5)        #将图像像素值归一化到[-1, 1]
        ])

    #获取指定索引的图像数据
    def __getitem__(self, index):
        #根据索引获取图像路径
        img_path = self.img_path[index]
```

```
        #以 PIL 格式读取图像
        pil_img = Image.open(img_path)
        #对图像进行标准化等预处理
        pil_img = self.transform(pil_img)
        #返回处理后的图像数据
        return pil_img

    #获取数据集的总样本数
    def __len__(self):
        #返回数组 img_path 的大小
        return len(self.img_path)
```

代码说明：

- 在自定义数据集时，需要先自定义一个继承自 torch.utils.data.Dataset 的类，并在该类中实现 __len__ 和 __getitem__ 方法，再创建数据集类的实例，以供 torch.utils.data.DataLoader 函数做加载处理。代码中 AppleOrangeDataset 类实现了对数据集文件夹中图像数据文件的读取、图像标准化等处理，为数据加载做好准备。

- 如果训练集和测试集存放在文件夹中，则利用 glob 库的 glob 函数一次性获取文件夹内所有文件的地址，并且该函数会返回地址的数组。

（3）图像增广处理。对数据集中的图像进行统一尺寸、转换类型和像素值归一化操作，以增强数据的规范性和多样性，相应的代码如下：

```
transform = transforms.Compose([
    transforms.Resize((256, 256)),        #将图片裁剪成与模型相应大小
    transforms.ToTensor(),                #将图像转换为张量
    transforms.Normalize(0.5, 0.5)        #将图像像素值归一化到[-1, 1]
])
```

（4）加载数据。创建 AppleOrangeDataset 类的实例，结合 DataLoader 函数进行数据的加载，相应的代码如下：

```
#创建苹果图像和橙子图像的数据集对象
apple_dataset = AppleOrangeDataset(paint_path)
orange_dataset = AppleOrangeDataset(view_path)

apple_test_dataset = AppleOrangeDataset(paint_test_path)
orange_test_dataset = AppleOrangeDataset(view_test_path)

#设置一个批次的样本数
batch_size = 1

#加载训练集和测试集
apple_dl = torch.utils.data.DataLoader(
    apple_dataset, batch_size=batch_size, shuffle=True
)
orange_dl = torch.utils.data.DataLoader(
    orange_dataset, batch_size=batch_size, shuffle=True
```

```
)
apple_test_dl = torch.utils.data.DataLoader(
    apple_test_dataset, batch_size=batch_size, shuffle=True
)
orange_test_dl = torch.utils.data.DataLoader(
    orange_test_dataset, batch_size=batch_size, shuffle=True
)

#查看一个批次的训练数据
apple_batch = next(iter(apple_dl))
apple_batch
```

运行上述代码，输出结果如图 8-4 所示。

```
tensor([[[[ 0.3725,  0.3725,  0.3647, ...,  0.5529,  0.5529,  0.5529],
          [ 0.3961,  0.3882,  0.3804, ...,  0.5608,  0.5529,  0.5529],
          [ 0.4039,  0.3961,  0.3882, ...,  0.5608,  0.5608,  0.5608],
          ...,
          [-0.3176, -0.3490, -0.3725, ...,  0.7176,  0.7255,  0.7255],
          [-0.3333, -0.3725, -0.4196, ...,  0.7255,  0.7255,  0.7255],
          [-0.3333, -0.3882, -0.4588, ...,  0.7333,  0.7333,  0.7333]],

         [[ 0.1765,  0.1765,  0.1686, ...,  0.3412,  0.3412,  0.3412],
          [ 0.2000,  0.1922,  0.1843, ...,  0.3490,  0.3412,  0.3412],
          [ 0.2078,  0.2000,  0.1922, ...,  0.3490,  0.3490,  0.3490],
          ...,
          [-0.5686, -0.6000, -0.6235, ...,  0.4745,  0.4824,  0.4824],
          [-0.5529, -0.6078, -0.6549, ...,  0.4980,  0.4980,  0.4980],
          [-0.5529, -0.6078, -0.6784, ...,  0.5059,  0.5059,  0.5059]],

         [[ 0.1373,  0.1373,  0.1294, ...,  0.2549,  0.2549,  0.2549],
          [ 0.1608,  0.1529,  0.1451, ...,  0.2627,  0.2549,  0.2549],
          [ 0.1686,  0.1608,  0.1529, ...,  0.2627,  0.2627,  0.2627],
          ...,
          [-0.6549, -0.6863, -0.7098, ...,  0.2314,  0.2392,  0.2392],
          [-0.6392, -0.6863, -0.7333, ...,  0.2627,  0.2627,  0.2627],
          [-0.6392, -0.6941, -0.7647, ...,  0.2706,  0.2706,  0.2706]]]])
```

图 8-4　数据集中一个批次的图像数据

运行结果分析：由于设置的批次数 batch_size 为 1，因此，图 8-4 所显示的一个批次的图像数据，其实就是一幅图像数据，可以看到图像数据已由像素转换为 Tensor 类型。

# 任务 8.2　CycleGAN 网络的搭建与训练配置

【任务描述】

在任务 8.1 的基础上，采用 CycleGAN 构建生成对抗网络的生成器和判别器，并进行相应的训练配置，包括损失函数和优化器。通过本任务的学习，能够进一步理解 CycleGAN 网络的结构，学会搭建 CycleGAN 网络，能够定义相适用的损失函数和优化器。

CycleGAN 网络的
搭建与训练配置

**【实施思路】**

（1）实现网络构建：确定 CycleGAN 网络的结构，使用 Torch 库的 nn.Model 类定义 CycleGAN 网络的生成器和判别器。

（2）实现训练配置：设置训练用的设备配置，定义损失函数和优化器。

**【任务实施】**

1. 确定 CycleGAN 网络的结构

在 CycleGAN 网络中，生成器是包括由图像提取特征和由特征还原图像的处理，对应的操作就有卷积和反卷积；判别器负责对输入的图像进行鉴别，即判断输入的图像是原始图像还是生成图像，是图像特征提取和判断的过程，对应的操作是卷积。

由图 8-1 可知，CycleGAN 网络包括两个生成器和两个判别器。其中生成器有两种可选的网络结构：Unet 网络结构和普通的 encoder-decoder 网络结构，这里选用前者；判别器将采用 3 层卷积层的网络结构。

（1）生成器的卷积层部分。

1）DC1 层（卷积层）。

输入图像大小：通道数×高×宽=3×256×256。

输入通道数（in_channels）：3。

输出通道数（out_channels）：64。

卷积核大小（kernel_size）：3×3。

输出图像（特征图像）大小：64×128×128。

2）DC2（卷积层）。

输入图像大小：通道数×高×宽=64×128×128。

输入通道数（in_channels）：64。

输出通道数（out_channels）：128。

卷积核大小（kernel_size）：3×3。

输出图像（特征图像）大小：128×64×64。

3）DC3（卷积层）。

输入图像大小：通道数×高×宽=128×64×64。

输入通道数（in_channels）：128。

输出通道数（out_channels）：256。

卷积核大小（kernel_size）：3×3。

输出图像（特征图像）大小：256×32×32。

4）DC4（卷积层）。

输入图像大小：通道数×高×宽=256×32×32。

输入通道数（in_channels）：256。

输出通道数（out_channels）：512。

卷积核大小（kernel_size）：3×3。

输出图像（特征图像）大小：512×16×16。

5）DC5（卷积层）。

输入图像大小：通道数×高×宽=512×16×16。

输入通道数（in_channels）：512。

输出通道数（out_channels）：512。

卷积核大小（kernel_size）：3×3。

输出图像（特征图像）大小：512×8×8。

6）DC6（卷积层）。

输入图像大小：通道数×高×宽=512×8×8。

输入通道数（in_channels）：512。

输出通道数（out_channels）：512。

卷积核大小（kernel_size）：3×3。

输出图像（特征图像）大小：512×4×4。

（2）生成器的反卷积层部分。

1）UC1层（反卷积层）。

输入图像大小：通道数×高×宽=512×4×4。

输入通道数（in_channels）：512。

输出通道数（out_channels）：512。

卷积核大小（kernel_size）：3×3。

输出图像（特征图像）大小：512×8×8。

2）UC2（反卷积层）。

输入图像大小：通道数×高×宽=1024×8×8。

输入通道数（in_channels）：1024。

输出通道数（out_channels）：512。

卷积核大小（kernel_size）：3×3。

输出图像（特征图像）大小：512×16×16。

3）UC3（反卷积层）。

输入图像大小：通道数×高×宽=1024×16×16。

输入通道数（in_channels）：1024。

输出通道数（out_channels）：256。

卷积核大小（kernel_size）：3×3。

输出图像（特征图像）大小：256×32×32。

4）UC4（反卷积层）。

输入图像大小：通道数×高×宽=512×32×32。

输入通道数（in_channels）：512。

输出通道数（out_channels）：128。

卷积核大小（kernel_size）：3×3。

输出图像（特征图像）大小：128×64×64。

5）UC5（反卷积层）。

输入图像大小：通道数×高×宽=256×64×64。

输入通道数（in_channels）：256。

输出通道数（out_channels）：64。

卷积核大小（kernel_size）：3×3。

输出图像（特征图像）大小：64×128×128。

6）UC6（反卷积层）。

输入图像大小：通道数×高×宽=128×128×128。

输入通道数（in_channels）：128。

输出通道数（out_channels）：3。

卷积核大小（kernel_size）：3×3。

输出图像（特征图像）大小：3×256×256。

（3）判别器。

1）DC1 层（卷积层）。

输入图像大小：通道数×高×宽=3×256×256。

输入通道数（in_channels）：3。

输出通道数（out_channels）：64。

卷积核大小（kernel_size）：3×3。

输出图像（特征图像）大小：64×128×128。

2）DC2（卷积层）。

输入图像大小：通道数×高×宽=64×128×128。

输入通道数（in_channels）：64。

输出通道数（out_channels）：128。

卷积核大小（kernel_size）：3×3。

输出图像（特征图像）大小：128×64×64。

3）DC3（卷积层）。

输入图像大小：通道数×高×宽=128×64×64。

输入通道数（in_channels）：128。

输出通道数（out_channels）：1。

卷积核大小（kernel_size）：3×3。

输出图像（特征图像）大小：1×32×32。

2. 定义 CycleGAN 网络

（1）导入库。除 Torch 库的相关模块外，还需要导入 itertools 库，用于迭代类的操作，相应的代码如下：

```
import torch.nn as nn
import torch.nn.functional as F
import itertools
```

（2）定义卷积层网络类。通过继承 nn.Module 类定义卷积层网络类，类名为 Downsample，相应的代码如下：

```
class Downsample(nn.Module):
    def __init__(self, in_channels, out_channels):
        super(Downsample, self).__init__()
        #定义卷积层
        self.conv_relu = nn.Sequential(
            nn.Conv2d(in_channels, out_channels, kernel_size=3, stride=2, padding=1),
            nn.LeakyReLU(inplace=True),
        )
        #定义批量归一化
        self.bn = nn.InstanceNorm2d(out_channels)

    def forward(self, x, is_bn=True):
        #调用 self.conv_relu 函数，进行卷积操作
        x = self.conv_relu(x)
        if is_bn:
        #调用 self.bn 函数，进行批量归一化处理
        x = self.bn(x)
        return x
```

代码说明：nn.InstanceNorm2d 函数的作用是对数据集上的样本做归一化处理，适用于图像数据集且 Batch 较小的情况，如风格迁移应用。

（3）定义反卷积层网络类。通过继承 nn.Module 类定义反卷积层网络类，类名为 Upsample，相应的代码如下：

```
class Upsample(nn.Module):
    def __init__(self, in_channels, out_channels):
        super(Upsample, self).__init__()
        #定义反卷积层
        self.upconv_relu = nn.Sequential(
            nn.ConvTranspose2d(in_channels, out_channels,
                                kernel_size=3,
                                stride=2,
                                padding=1,
                                output_padding=1),
            nn.LeakyReLU(inplace=True)
        )
        #定义批量归一化
        self.bn = nn.InstanceNorm2d(out_channels)

    def forward(self, x, is_drop=False):
        #调用 self.upconv_relu 函数，进行反卷积操作
        x = self.upconv_relu(x)
```

```
            #调用 self.bn 函数，进行批量的归一化处理
            x = self.bn(x)
            if is_drop:
                #防止过拟合的处理
                x = F.dropout2d(x)
            return x
```

代码说明：F.dropout2d 函数的作用是防止在网络训练中出现过拟合现象，通常只在网络训练过程中使用，验证或测试网络则不需要使用它。

（4）定义生成器网络类。通过继承 nn.Module 类定义生成器网络类，类名为 Generator。在该类中，通过创建 Downsample 和 Upsample 类的实例分别定义每个卷积层和反卷积层，相应的代码如下：

```
class Generator(nn.Module):
    #构造方法初始化
    def __init__(self):
        super(Generator, self).__init__()
        #定义输入为 3×256×256 的第 1 个卷积层
        self.down1 = Downsample(3, 64)
        #定义输入为 64×128×128 的第 2 个卷积层
        self.down2 = Downsample(64, 128)
        #定义输入为 128×64×64 的第 3 个卷积层
        self.down3 = Downsample(128, 256)
        #定义输入为 256×32×32 的第 4 个卷积层
        self.down4 = Downsample(256, 512)
        #定义输入为 512×16×16 的第 5 个卷积层
        self.down5 = Downsample(512, 512)
        #定义输入为 512×8×8 的第 6 个卷积层
        self.down6 = Downsample(512, 512)


        #定义输入为 512×4×4 的第 1 个反卷积层
        self.up1 = Upsample(512, 512)
        #定义输入为 1024×8×8 的第 2 个反卷积层
        self.up2 = Upsample(1024, 512)
        #定义输入为 1024×16×16 的第 3 个反卷积层
        self.up3 = Upsample(1024, 256)
        #定义输入为 512×32×32 的第 4 个反卷积层
        self.up4 = Upsample(512, 128)
        #定义输入为 256×64×64 的第 5 个反卷积层
        self.up5 = Upsample(256, 64)
        #定义输入为 128×128×128 的第 6 个反卷积层
        self.last = nn.ConvTranspose2d(128, 3,
                                        kernel_size=3,
                                        stride=2,
                                        padding=1,
                                        output_padding=1)
    #定义前向传播的计算过程
```

```
def forward(self, x):
    #进行第 1 次卷积，得到 64×128×128
    x1 = self.down1(x, is_bn=False)
    #进行第 2 次卷积，得到 128×64×64
    x2 = self.down2(x1)
    #进行第 3 次卷积，得到 256×32×32
    x3 = self.down3(x2)
    #进行第 4 次卷积，得到 512×16×16
    x4 = self.down4(x3)
    #进行第 5 次卷积，得到 512×8×8
    x5 = self.down5(x4)
    #进行第 6 次卷积，得到 512×4×4
    x6 = self.down6(x5)

    #进行第 1 次反卷积，得到 512×8×8
    x6 = self.up1(x6, is_drop=True)
    #将 x5 和当前 x6 的 512×8×8 拼接为 1024×8×8，作为下一次输入
    x6 = torch.cat([x5, x6], dim=1)

    #进行第 2 次反卷积，得到 512×16×16
    x6 = self.up2(x6, is_drop=True)
    #将 x4 和当前 x6 的 512×16×16 拼接为 1024×16×16，作为下一次输入
    x6 = torch.cat([x4, x6], dim=1)

    #进行第 3 次反卷积，得到 256×32×32
    x6 = self.up3(x6, is_drop=True)
    #将 x4 和当前 x6 的 256×32×32 拼接为 512×32×32，作为下一次输入
    x6 = torch.cat([x3, x6], dim=1)

    #进行第 4 次反卷积，得到 128×64×64
    x6 = self.up4(x6)
    #将 x2 和当前 x6 的 128×64×64 拼接为 256×64×64，作为下一次输入
    x6 = torch.cat([x2, x6], dim=1)

    #进行第 5 次反卷积，得到 64×128×128
    x6 = self.up5(x6)
    #将 x1 和当前 x6 的 64×128×128 拼接为 128×128×128，作为下一次输入
    x6 = torch.cat([x1, x6], dim=1)

    #进行第 6 次反卷积，得到 3×256×256
    x6 = torch.tanh(self.last(x6))
    return x6
```

代码说明：torch.cat 函数的作用是对多个张量按照指定的维度进行拼接处理，生成一个新的张量。该函数的主要参数有 seq 和 dim，其中 seq 为参与拼接的张量序列，要求这些张量具有相同的形状；dim 表示拼接对应的维度，默认为 0。

（5）定义判别器网络类。通过继承 nn.Module 类定义判别器网络类，类名为 Discriminator。在该类中，通过创建 Downsample 类的实例定义每个卷积层，相应的代码如下：

```
class Discriminator(nn.Module):
    #构造方法初始化
    def __init__(self):
        super(Discriminator, self).__init__()
        #定义输入为 3×256×256 的第 1 个卷积层
        self.down1 = Downsample(3, 64)
        #定义输入为 64×128×128 的第 2 个卷积层
        self.down2 = Downsample(64, 128)
        #定义输入为 128×64×64 的第 3 个卷积层
        self.last = nn.Conv2d(128, 1, 3)

    #定义前向传播的计算过程
    def forward(self, img):
        #进行第 1 次卷积，得到 64×128×128
        x = self.down1(img)
        #进行第 2 次卷积，得到 128×64×64
        x = self.down2(x)
        #进行第 3 次卷积，得到 1×32×32
        X = self.last(x)
        #进行二分类判断
        x = torch.sigmoid(x)
        return x
```

（6）创建 Generator 和 Discriminator 类的实例。基于 Generator 创建两个生成器网络类的实例 gen_AB 和 gen_BA，分别用于从苹果图像生成（假）橙子图像，以及从橙子图像生成（假）苹果图像；基于 Discriminator 创建两个判别器网络类的实例 dis_A 和 dis_B，分别用于鉴别苹果图像的真假和橙子图像的真假，相应的代码如下：

```
#指定所使用的设备配置
device = torch.device('cuda' if torch.cuda.is_available() else 'cpu')

#创建生成器网络类的实例
gen_AB = Generator().to(device)
gen_BA = Generator().to(device)

#创建判别器网络类的实例
dis_A = Discriminator().to(device)
dis_B = Discriminator().to(device)
```

3. 训练配置

本任务的训练配置包括定义损失函数、优化器，配置代码如下：

```
#定义损失函数
bceloss_fn = torch.nn.BCELoss()        #定义二值交叉熵损失函数
l1loss_fn = torch.nn.L1Loss()          #定义 L1 损失函数，用于计算图像之间的绝对误差
```

```
#语句 1：定义 Adam 优化器，用于对两个生成器进行同时优化
gen_optimizer = torch.optim.Adam(
itertools.chain(gen_AB.parameters(), gen_BA.parameters()),
                        lr=2e-4, betas=(0.5, 0.999))
#定义判别器 dis_A 的优化器
dis_A_optimizer = torch.optim.Adam(
dis_A.parameters(), lr=2e-4, betas=(0.5, 0.999))
#定义判别器 dis_B 的优化器
dis_B_optimizer = torch.optim.Adam(dis_B.parameters(), lr=2e-4, betas=(0.5, 0.999))
```

代码说明：语句 1 所定义的优化器可以同时对两个生成器进行优化，该优化器之所以可以对多个网络进行处理，是由于它使用了 itertools.chain 函数，该函数的参数为一个对象序列，可使该对象序列执行相同的操作。

# 任务 8.3　CycleGAN 网络训练与模型评估

## 【任务描述】

在任务 8.2 的基础上，在训练集上对 CycleGAN 网络进行训练，对训练好的 CycleGAN 模型进行评估，并从测试集上任选一组图像应用该模型。通过本任务的学习，能够学会对 CycleGAN 进行网络训练、模型评估和模型应用。

CycleGAN 网络
训练与模型评估

## 【实施思路】

（1）实现网络训练：针对任务 8.2 所定义的生成器 gen_AB 和 gen_BA，判别器 dis_A 和 dis_B，通过生成器 gen_AB 网络预测→生成器 gen_BA 网络预测→计算生成器的总体损失→优化参数，以及判别器 dis_A 网络预测→判别器 dis_B 网络预测→计算判别器的平均损失→优化参数等环节，在训练集中循环进行多次操作。

（2）实现模型评估：根据多次网络训练过程中生成器网络和判别器网络损失值的变化，来评估 CycleGAN 模型的稳定性。

（3）实现模型保存：利用 Torch 库的 save 函数，将训练好的 CycleGAN 模型保存为文件形式。

（4）实现模型应用：将一幅橙子图像输入 CycleGAN 模型生成器 gen_BA，生成一幅带苹果风格的橙子图像。

## 【任务实施】

### 1. 定义图像风格转换函数

为了能够在训练过程中随时观察网络的预测效果，可以定义图像风格转换函数，函数名为 generate_images，相应的代码如下：

```
def generate_images(model, test_input):
    #利用 CycleGAN 模型，将 test_input 转换为不同风格的（假）图像
    prediction = model(test_input).permute(0, 2, 3, 1).detach().cpu().numpy()
    #将（假）图像转换为 ndarray 类型
    test_input = test_input.permute(0, 2, 3, 1).cpu().numpy()
    #设置图形窗口
    plt.figure(figsize=(10, 6))
    display_list = [test_input[0], prediction[0]]
    title = ['Input Image', 'Generated Image']
    #绘制网络转换前、后的两幅图像
    for i in range(2):
        plt.subplot(1, 2, i+1)
        plt.title(title[i])
        #将像素值从[-1, 1]映射到[0, 1]
        plt.imshow(display_list[i] * 0.5 + 0.5)
        plt.axis('off')
    plt.show()
```

2. 训练网络和评估模型

在训练 CycleGAN 网络时，需要将其中的生成器和判别器分开进行训练。另外，还需要对训练相关参数进行初始化。

（1）初始化参数。相应的代码如下：

```
#获取测试集中一个批次的数据
test_batch = next(iter(apple_test_dl))
#将测试数据转换为模型可接受的形状，并加载到 device 上
test_input = torch.unsqueeze(test_batch[0], 0).to(device)

#设置训练次数
num_epochs = 20
#初始化生成器和判别器损失值数组
G_loss = []
D_loss = []
```

（2）训练网络。CycleGAN 网络训练分为生成器和判别器两个训练阶段，每训练 10 次，在测试集上进行一次验证，相应的代码如下：

```
#进行网络训练
for epoch in range(num_epochs):
    #初始化本次训练的生成器和判别器损失值
    D_epoch_loss = 0
    G_epoch_loss = 0
    for step, (real_A, real_B) in enumerate(zip(apple_dl, orange_dl)):
        #将真实苹果图像加载到 device
        real_A = real_A.to(device)
        #将真实橙子图像加载到 device
        real_B = real_B.to(device)
```

```
################################
#第 1 阶段：生成器网络训练
################################
#将生成器网络的参数梯度清零
gen_optimizer.zero_grad()


################################
前向传播：生成器 gen_AB 和 gen_BA 的相似性损失
################################
#通过 gen_AB 将真实橙子图像生成（假）橙子图像
same_B = gen_AB(real_B)
#计算（假）橙子图像和真实橙子图像的 L1 损失（相似性损失）
identity_B_loss = l1loss_fn(same_B, real_B)
#通过 gen_BA 将真实苹果图像生成（假）苹果图像
same_A = gen_BA(real_A)
#计算（假）苹果图像和真实苹果图像的 L1 损失（相似性损失）
identity_A_loss = l1loss_fn(same_A, real_A)


################################
前向传播：生成器 gen_AB 和 gen_BA 的生成损失
################################
#通过 gen_AB 将真实苹果图像生成（假）橙子图像
fake_B = gen_AB(real_A)
#通过判别器 dis_B 对（假）橙子图像进行预测
D_pred_fake_B = dis_B(fake_B)
#计算判别器 dis_B 鉴别（假）橙子图像的二值交叉熵损失（真假图像差异损失）
gan_loss_AB = bceloss_fn(D_pred_fake_B, torch.ones_like(D_pred_fake_B, device=device))
#通过 gen_BA 将真实橙子图像生成（假）苹果图像
fake_A = gen_BA(real_B)
#通过判别器 dis_A 对（假）苹果图像进行预测
D_pred_fake_A = dis_A(fake_A)
#计算判别器 dis_A 鉴别（假）苹果图像的二值交叉熵损失（真假图像差异损失）
gan_loss_BA = bceloss_fn(D_pred_fake_A, torch.ones_like(D_pred_fake_A, device=device))


################################
前向传播：生成器 gen_AB 和 gen_BA 的复原损失
################################
#通过生成器 gen_BA 将（假）橙子图像再恢复为苹果图像
recovered_A = gen_BA(fake_B)
#计算恢复的苹果图像和真实苹果图像的 L1 损失（重建损失）
cycle_loss_ABA = l1loss_fn(recovered_A, real_A)
#通过生成器 gen_AB 将（假）苹果图像再恢复为橙子图像
recovered_B = gen_AB(fake_A)
#计算恢复的橙子图像和真实橙子图像的 L1 损失（重建损失）
cycle_loss_BAB = l1loss_fn(recovered_B, real_B)
```

```
#计算生成器的总体损失：两个生成器各自的相似性损失、真假图像差异损失和重建损失
g_loss = (identity_B_loss + identity_A_loss +
          gan_loss_AB + gan_loss_BA +
          cycle_loss_ABA + cycle_loss_BAB)

################################
后向传播：两个生成器的梯度计算
################################
#同时计算两个生成器的梯度
g_loss.backward()
#更新两个生成器的参数
gen_optimizer.step()

################################
#第 2 阶段：判别器网络训练
################################
#将判别器 dis_A 网络参数的梯度清零
dis_A_optimizer.zero_grad()

################################
前向传播：判别器 dis_A 的判别损失
################################
#通过判别器 dis_A 对真实苹果图像进行预测
dis_A_real_output = dis_A(real_A)
#计算 dis_A 鉴别真实苹果图像的判别损失
dis_A_real_loss = bceloss_fn(
                    dis_A_real_output, torch.ones_like(dis_A_real_output, device=device))
#通过判别器 dis_A 对（假）苹果图像进行预测
dis_A_fake_output = dis_A(fake_A.detach())
#计算 dis_A 鉴别（假）苹果图像的判别损失
dis_A_fake_loss = bceloss_fn(
                    dis_A_fake_output, torch.zeros_like(dis_A_fake_output, device=device))

#计算判别器 dis_A 对于生成器 gen_BA 所生成图像的总体的判别损失
dis_A_loss = (dis_A_real_loss + dis_A_fake_loss) * 0.5

################################
后向传播：判别器 dis_A 的梯度计算
################################
#计算判别器 dis_A 的梯度
dis_A_loss.backward()
#更新判别器 dis_A 的参数
dis_A_optimizer.step()

#将判别器 dis_B 网络参数的梯度清零
dis_B_optimizer.zero_grad()
```

```
##############################
前向传播：判别器 dis_B 的判别损失
##############################
#通过判别器 dis_B 对真实橙子图像进行预测
dis_B_real_output = dis_B(real_B)
#计算 dis_B 鉴别真实橙子图像的判别损失
dis_B_real_loss = bceloss_fn(
                    dis_B_real_output, torch.ones_like(dis_B_real_output, device=device))
#通过判别器 dis_B 对（假）橙子图像进行预测
dis_B_fake_output = dis_B(fake_B.detach())
#计算 dis_B 鉴别（假）橙子图像的判别损失
dis_B_fake_loss = bceloss_fn(
                    dis_B_fake_output, torch.zeros_like(dis_B_fake_output, device=device))
#计算判别器 dis_B 对生成器 gen_AB 所生成图像的总体进行判别损失
dis_B_loss = (dis_B_real_loss + dis_B_fake_loss) * 0.5


##############################
反向传播：判别器 dis_B 的梯度计算
##############################
#计算判别器 dis_B 的梯度
dis_B_loss.backward()
#更新判别器 dis_A 的参数
dis_B_optimizer.step()


#打印 loss 变化
with torch.no_grad():
    #累加每个批次数据上判别器的损失
    D_epoch_loss += (dis_A_loss + dis_B_loss).item()
    #累加每个批次数据上生成器的损失
    G_epoch_loss += g_loss.item()
    #计算判别器的平均损失
    D_epoch_loss /= (step+1)
    #计算生成器的平均损失
    G_epoch_loss /= (step+1)
    if step % 10 == 0:
        print("Epoch:", epoch, 'N:', step,
                "D_epoch_loss:", D_epoch_loss,
                "G_epoch_loss:", G_epoch_loss)
        #调用 generate_images 函数，使用生成器 gen_AB
        #在测试集上，将苹果图像转换为（假）橙子图像
        generate_images(gen_AB, test_input)

#将判别器的平均损失添加到 D_loss 列表中
D_loss.append(D_epoch_loss)
#将生成器的平均损失添加到 G_loss 列表中
G_loss.append(G_epoch_loss)
```

运行上述代码，输出结果如图 8-5 所示。

```
Epoch: 19 N: 980
Epoch: 19 N: 990
Epoch: 19 D_epoch_loss: 0.0014493405557161583 G_epoch_loss: 0.0015712809582381132
```

图 8-5　CycleGAN 网络训练 20 次后的损失值

运行结果分析：从图 8-5 中可以看到，最后一次训练的生成器网络平均损失值为 0.0015、判别器网络的平均损失值为为 0.0014。

代码说明：gan_loss_AB 语句中使用 BCELoss（二分类交叉熵损失）函数来衡量（假）橙子图像与全为 1 的标签之间的差异，也就是（假）橙子图像与真实橙子图像间的差异。

（3）结果可视化。采用图形方式，将 CycleGAN 网络训练过程中各部分的损失变化呈现出来，相应的代码如下：

```python
#以训练次数序号为 x 轴，损失值为 y 轴绘制散点图
plt.figure(figsize=(8, 4))
plt.plot(range(num_epochs), G_loss, label='G_loss')
plt.plot(range(num_epochs), D_loss, label='D_loss')
plt.xlabel("Iterations")
plt.ylabel("Loss")
```

运行上述代码，输出结果如图 8-6 所示。

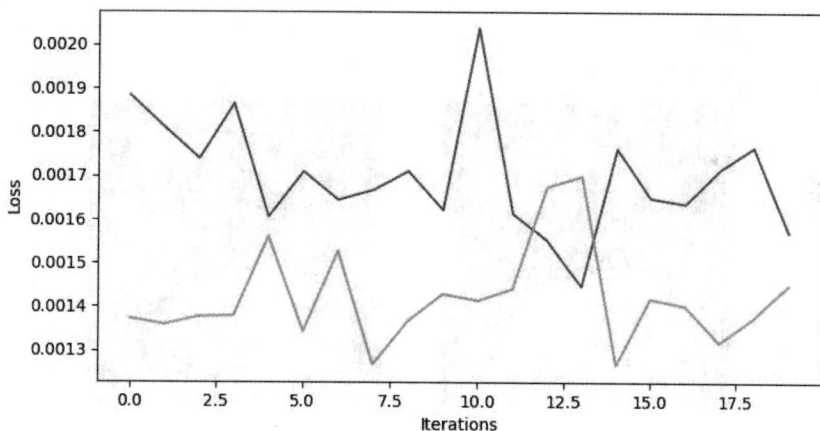

图 8-6　训练过程中 CycleGAN 生成器网络和判断器网络损失值变化曲线

运行结果分析：从图 8-6 中可知，随着不断地反复训练网络，判别器网络和生成器网络的损失值都在逐渐减少，且变化趋于平缓，这表明模型具有较好的稳定性。

3. 保存模型

网络训练好后，分别以文件形式保存生成器模型和判别器模型，相应的代码如下：

```python
torch.save(gen_AB, '../model/model-gen_AB.pth')    #保存模型
torch.save(gen_BA, '../model/model-gen_BA.pth')    #保存模型
torch.save(dis_A, '../model/model-dis_A.pth')      #保存模型
torch.save(dis_B, '../model/model-dis_B.pth')      #保存模型
```

4. 应用模型

在测试集上选取 5 幅橙子图像作为生成器 gen_BA 的输入,生成苹果风格的橙子图像,并与原图进行对比,以观察图像风格迁移的效果,相应的代码如下:

```
#设置测试模式
gen_BA.eval()

#在测试集上运行前 5 个样本
with torch.no_grad():
    for inp in itertools.islice(orange_test_dl, 5):
        inp = inp.to(device)    #将输入数据移动到设备(如 GPU)上
        generate_images(gen_AB, inp)
```

运行上述代码,输出结果如图 8-7 所示。

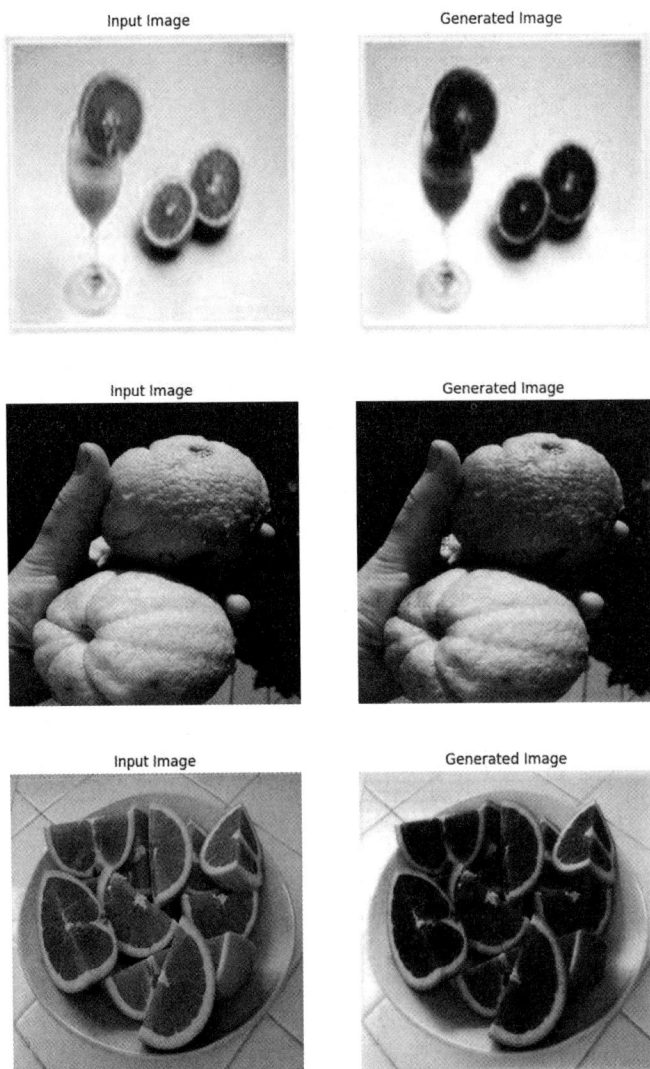

图 8-7(一)　苹果风格的橙子图像与原有橙子图像的对比

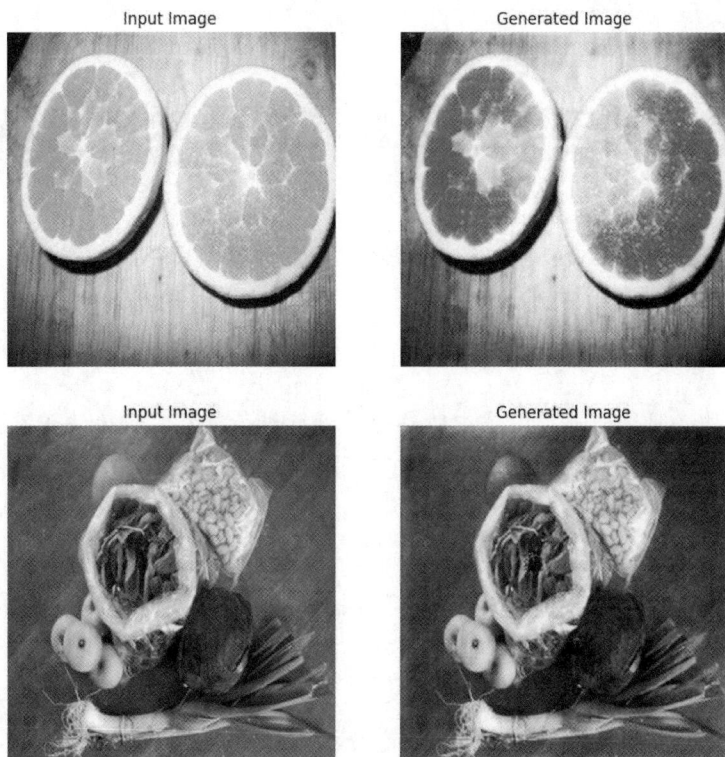

图 8-7（二）　苹果风格的橙子图像与原有橙子图像的对比

运行结果分析：从图 8-7 中可以看到，使用 CycleGAN 模型后，橙子图像的风格发生了转换。

# 项 目 小 结

1. CycleGAN 被称为循环生成对抗网络，是 GAN 的一个变种，主要应用于域迁移领域，如风格迁移、物体转换和季节转化、图像增强等。

2. CycleGAN 的创新在于，两种风格图像之间无须建立一对一的映射关系，如橙子图像和苹果图像，就可以实现风格迁移，还可以在两者之间进行域迁移。

3. CycleGAN 的结构由两个普通的 GAN 组成，每个 GAN 内部都有一个生成器网络。

# 课 后 练 习

项目 8　课后练习答案

## 一、简答题

简述 CycleGAN 与 DCGAN 的异同之处。

## 二、实操题

参考任务 8.1～任务 8.3，利用 CycleGAN 模型实现图像风格迁移模型的搭建和训练。

# 项目 9　基于 Mask R-CNN 实现目标检测

## 【项目导读】

经典的卷积神经网络能够对图像中所存储的目标进行分类，但无法识别出图像中的目标位置，而目标检测不仅能够实现目标分类，还能够判断出图像中不同的目标位置，这对于人们的工作和生活都具有极其重要的意义。

在图像分类问题中，假设图像里只有一个目标，而且只关注如何识别该目标的类别，但在实际应用中，图像中可能存在多个感兴趣的目标，人们希望知道它们的类别和位置，甚至能够分辨出每一个个体，这就需要使用目标检测算法来完成。

人体的姿态是人体重要的生物特征之一。在现实生活中，人体姿态识别具有十分重要的应用价值，其常见的应用场景有很多，如步态分析、视频监控、增强现实、人机交互、金融、移动支付、娱乐和体育科学等。人体姿态识别能让计算机知道某个人在做什么，并且识别出他是谁，尤其在目标身份识别系统中，人体姿态识别可以减小误识率，是一种重要的辅助验证手段。

本项目的目标是针对行人图像数据进行分析，识别出图像中所有行人及其所在位置，并能准确区分出每个人，为行人姿态预估提供数据参考。

本项目所使用的 Penn-Fudan 数据集是一个用于行人检测的图像数据集，由宾夕法尼亚大学和复旦大学的研究者共同创建，其中的图像均取自校园和城市街道周围的场景，每幅图像中至少有一个行人。该数据集中有 170 幅图像，共包含 345 个被标注的行人，且都呈直立状态。其中有 96 幅图像是在宾夕法尼亚大学周围拍摄的，另外 74 幅图像是在复旦大学周围拍摄的。

本项目要求对图像中的行人进行定位并识别，并能够准确区分出每个人。如果仅要求对图像中的目标进行识别和分类，使用目标定位与分类对应的目标检测算法（如 Faster R-CNN）就可以完成，但同时要区分出每个人，则需要在此基础上，将每个具体物体标记出来。因此，该项目属于"目标定位与分类+实例分割"问题，Mask R-CNN 是解决这类问题的经典目标检测算法，这里将采用该算法来实现项目要求的功能。本项目将通过以下 4 个任务完成：

（1）数据准备。

（2）Mask R-CNN 模型的搭建与训练配置。

（3）Mask R-CNN 网络训练与模型评估。

（4）Mask R-CNN 模型测试。

【项目基础知识】

# 9.1 目标检测算法

在实际生活中，目标检测有着广泛的应用，它能够将图像或视频中的目标与其他不相干的部分区分开来，从而判断目标是否存在及其所在位置。那么，目标检测是如何进行目标识别和分类的呢？本节将介绍目标检测的基本概念，以及常用的基于深度学习的目标检测算法。

## 9.1.1 认识目标检测

目标检测（物体检测、对象检测）的主要任务是从输入图像中定位感兴趣的目标（物体、对象），再准确判断出每个感兴趣的目标的类别。近年来，目标检测技术已经在生活的多个领域中得到了广泛应用，如机器人导航、智能视频监控、安全检测等。对于人类而言，在一个区域中识别一个物体是非常容易的事情，但在计算机中，图像是用一定范围的数值来表示的。计算机很难判断一幅图像中的某个目标是否存在及其所在位置，加上背景、遮挡物或相似物体的干扰，更加大了目标检测的难度。

传统的目标检测算法是先采用类似穷举的滑动窗口方式生成大量的候选区域（目标可能出现的区域位置），再对每个候选区域进行图像特征提取，最后使用训练好的分类器，对这些特征进行分类。这种方法存在两方面的缺陷，一方面是候选区域的产生会消耗大量的算力，另一方面是提取的特征不能适应目标的多样性情况。这使检测精度和速度都无法达到实际应用的要求。

随着深度学习研究和应用的不断深入，基于深度学习的目标检测和识别方法逐渐成为主流，所用到的深度学习模型为卷积神经网络。目前能够实现目标检测的深度学习算法有两类：基于候选区域和基于回归。基于候选区域的目标检测算法也称为二阶段方法，它将目标检测问题分成两个阶段，第 1 个阶段生成候选区域，第 2 个阶段把候选区域放入分类器进行分类并修正位置；基于回归的目标检测算法则只有一个阶段，即直接对预测的目标进行回归，从而实现目标检测。

## 9.1.2 基于候选区域的目标检测算法

基于候选区域的目标检测算法的基本思想是利用图像中的纹理、边缘、颜色等信息，预先找出图像中目标可能出现的位置（候选区域），并在候选区域上滑动窗口，进一步判别位置信息，使在减少所生成候选区域数量的情况下，保持较高的召回率，从而获得更好的识别效果。这类算法的代表是 R-CNN、SPP-NET、Fast R-CNN、Faster R-CNN 和 Mask R-CNN。下面来分别进行介绍。

1. R-CNN

2014 年，吉尔西克（Girshick）提出了首个目标检测算法 R-CNN，其计算流程如图 9-1 所示。由图 9-1 可知，R-CNN 算法分为以下 4 个步骤。

（1）输入图像，利用选择搜索算法提取约 2000 个候选区域。

（2）将每个候选区域缩放到固定大小，使用卷积层进行特征提取。

（3）将提取的特征向量送入支持向量机分类器，判断其所属类别。

（4）将候选区域所属类别信息送入全连接层，使用线性回归微调候选区域的位置和大小。

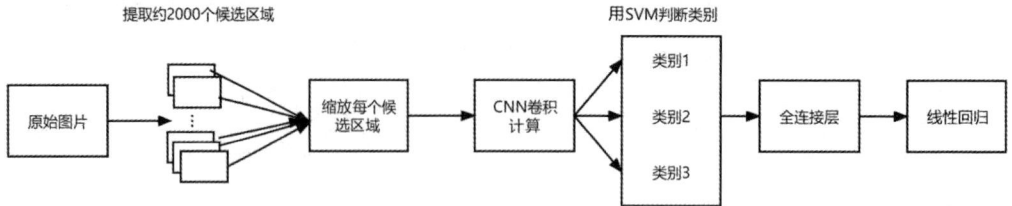

图 9-1　R-CNN 的计算流程

虽然 R-CNN 能够在目标检测的精度上得到很大提升，但其缺点也很明显，一是图像的缩放处理会导致图像失真；二是候选区域数量大会使卷积层在提取特征时资源消耗过多，且提取的特征数据需要单独保存，会占用大量的硬盘空间；三是步骤烦琐，训练测试过程比较复杂。

2. SPP-NET

针对 R-CNN 的缺陷，何恺明等人提出了改进算法——SPP-NET，改进之处包括两方面，一方面是将整幅图像一次性送入 CNN 进行特征提取，而非逐个候选区域送入，避免了卷积层对每个候选区域分别提取特征造成的重复计算；另一方面是在卷积层和全连接层之间，增加特征金字塔池化（Spatial Pyramid Pooling，SPP）层，对不同大小的特征图进行池化操作，并生成特定大小的特征图，解决 R-CNN 所存在的图像失真问题。

SPP-NET 有效加快了目标检测的速度，但仍存在一些不足：一是，由于它与 R-CNN 的结构相同，仍然存在训练过程复杂和占用硬盘空间过大问题；二是，卷积层之后固定了图像大小，限制了卷积层的微调处理。

3. Fast R-CNN

吉尔西克等人鉴特征金字塔池化层的思路，使用感兴趣区域池化（Region of Interest Pooling，RoI Pooling）层做替代，提出了 Fast R-CNN，其计算流程如图 9-2 所示。

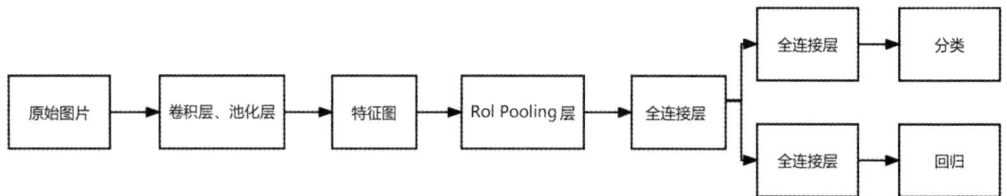

图 9-2　Fast R-CNN 的计算流程

由图 9-2 可知，Fast R-CNN 算法可分为以下 4 个步骤。

（1）同 R-CNN 一样，Fast R-CNN 利用选择搜索算法提取约 2000 个候选区域。

（2）将图像送入卷积网络提取特征，将候选区域投影到特征图上得到相应的特征矩阵。

（3）通过 RoI Pooling 层将候选区域的特征大小进行统一。

（4）通过全连接层对候选区域进行分类和回归。

Fast R-CNN 在目标检测速度上比 R-CNN 有较大改进，且实现了多任务端到端的训练（训练过程无须人工干预），但未能解决候选区域的选取和训练过程消耗时间较长的问题。

4. Faster R-CNN

针对生成候选区域计算量大且占用时间多的问题，吉尔西克等人在卷积层后添加了候选区域生成网络（Region Proposal Network，RPN，也称为区域建议网络）来提取数量更少但质量更高的候选区域，以进一步提高目标检测的速度和精度。Faster R-CNN 的计算流程如图 9-3 所示。

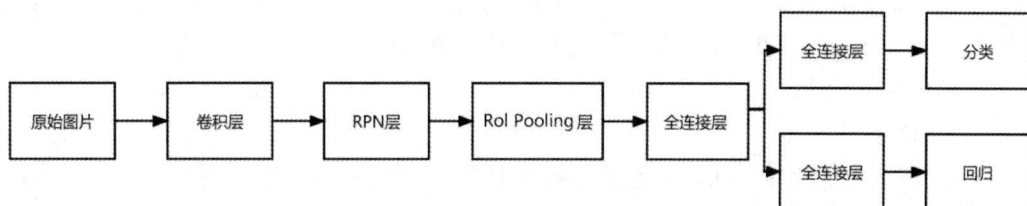

图 9-3　Faster R-CNN 的计算流程

由图 9-3 可知，Faster R-CNN 的计算流程分为以下 4 个步骤。

（1）输入图像，由卷积层对其提取特征。

（2）将所提取的特征送入 RPN 层产生候选区域，并投影到特征图上得到相应的特征矩阵。

（3）通过 RoI Pooling 层将候选区域的特征大小进行统一。

（4）通过全连接层对候选区域进行分类和回归。

可以将 Faster R-CNN 理解成"候选区域生成网络+Fast R-CNN"的模型，它实现了端到端的目标检测，与 R-CNN、Fast R-CNN、SPP-NET 相比，Faster R-CNN 无论在速度上还是精度上都有了较大的提升。

5. Mask R-CNN

何恺明等人在 Faster R-CNN 的基础上提出了 Mask R-CNN。该算法针对特征图和原始图像上的感兴趣区域出现不对准问题，使用 RoI Align 层替代 RoI Pooling 层，同时增加了 Mask 预测分支网络，能够并行实现目标检测和目标实例分割任务。Mask 预测分支采用了全卷积神经网络（Fully Convolutional Networks，FCN）对图像进行像素级分类，以解决图像中的对象分割问题。

Mask R-CNN 网络的结构分为三个部分：卷积主干结构，用于提取整个图像的特征；候选区域生成部分；三个预测分支，其计算流程如图 9-4 所示。

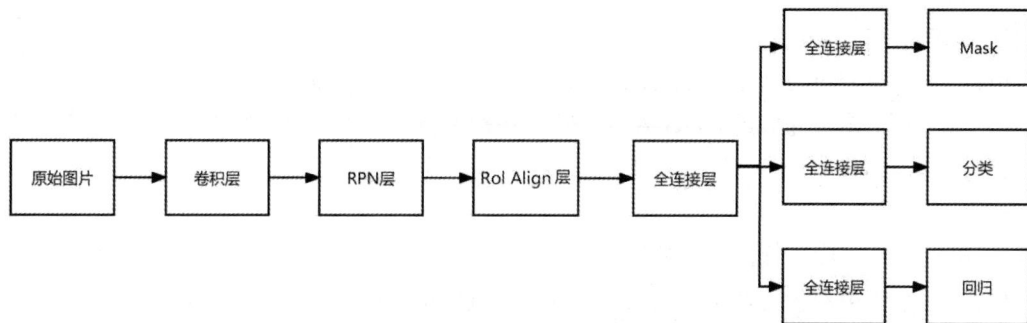

图 9-4　Mask R-CNN 的计算流程

Mask R-CNN 的优点在于，它在 Faster R-CNN 的基础上，增加了一个目标掩码（Mask）作为第 3 个分支，通过目标掩码将一个对象的空间布局进行编码，从而更为精准地提取出目标的空间布局，但也正是因为这个分支的增加，带来了更大的计算量，导致其检测速度比 Faster R-CNN 慢。

### 9.1.3 基于回归的目标检测算法

基于回归的目标检测算法不会直接生成感兴趣区域，而是将目标检测任务看作对整幅图像的回归任务。在很大程度上，基于回归的目标检测算法能够在保证精确率的基础上，同时达到实时目标检测的效果。这类算法中，具有代表性的有 YOLO 系列和 SSD 系列。

1. YOLO 系列

YOLO（You Only Look Once）系列是最早具有实际应用价值的一阶段目标检测算法。它有三个版本：YOLO v1、YOLO v2 和 YOLO v3，其中 YOLO v2 和 YOLO v3 都是对 YOLO v1 的改进。YOLO v1 由雷德蒙（Redmon）等人在 2015 年提出，其核心思想是将整幅图像作为输入，将目标检测问题转化成一个回归问题，直接在输出层回归边界框的位置及其所属的类别。YOLO 的计算流程如图 9-5 所示。

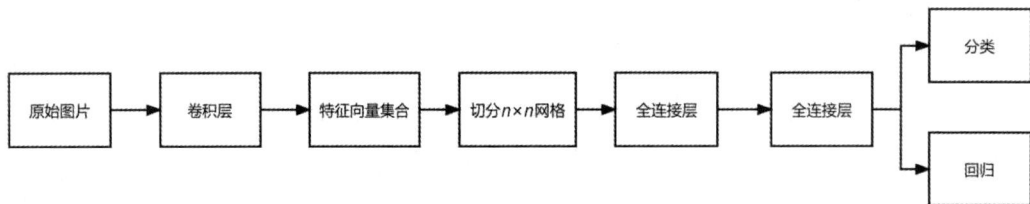

图 9-5　YOLO 的计算流程

实际上，YOLO 并没有真正去掉候选区域，而是创造性地将候选区域和目标分类合二为一。它将图像划分成 $n×n$ 个网格区域，这里的划分并未对图像进行物理上的剪裁，只是进行逻辑上的划分，然后对每个网格中的物体进行预测。每个物体的预测结果包括边界框的位置、尺寸、置信度，以及边界框中物体属于各个类别的概率。

YOLO 算法的优势在于，首先，它的网络结构简单，直接使用的是卷积神经网络结构，同时实现预测边界框的位置和类别；其次，它的速度快，能够进行实时检测；最后，它具有较强的泛化能力，可迁移到其他领域。

2. SSD 系列

SSD（Single Shot multibox Detector）系列是对 YOLO 系列算法的改进。SSD 是一个全卷积网络（图 9-6），图像先经过 VGG16 进行特征提取后，分 6 次依次进行不同尺度的特征提取，之后进行分类和回归处理，整个检测过程一步到位，检测速度较快。

SSD 具有以下几个特点。

（1）采用多尺度特征图参与检测。

（2）直接使用卷积层对不同的特征图进行特征提取。

（3）预先为每个网格区域设置先验框，降低训练的难度。

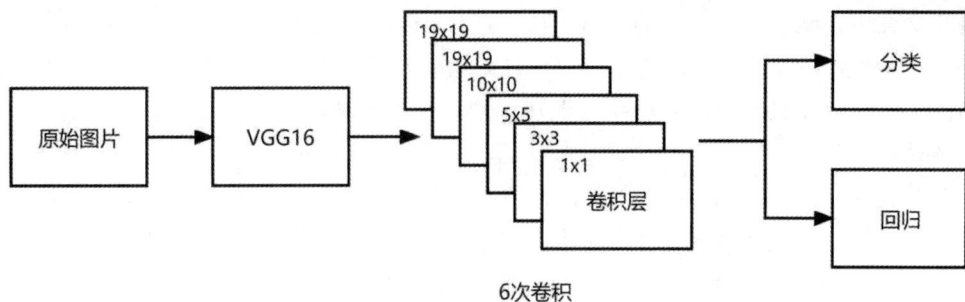

图 9-6  SSD 网络的结构

由于 SSD 没有像 Faster R-CNNk 中重复采样的步骤，且最大特征尺度也只有 38×38，没有能够提供更多的位移特征，所以它识别小目标的准确率较低，容易出现漏检或误检的情况。

## 9.2  目标检测的预测框

在目标检测任务中，要同时预测目标物体的类别和位置，因此，需要引入一些与位置相关的边界框、锚框和交并比概念，三者相互配合，实现对于目标物体位置预测的生成、调整和评估。

1. 边界框

边界框（Bounding Box）通常用于表示物体所在的区域位置。边界框是一个正好能包含物体的矩形框（图 9-7），它可以由矩形左上角的 $x$ 和 $y$ 轴坐标与右下角的 $x$ 和 $y$ 轴坐标确定。边界框的位置和大小可以根据实际需求进行调整，以适应不同的任务和场景。例如，在人脸识别中，可以使用边界框将人脸从图像中提取出来，以便进行特征提取和比对；在自动驾驶中，可以使用边界框来识别道路上的车辆、行人和其他障碍物。

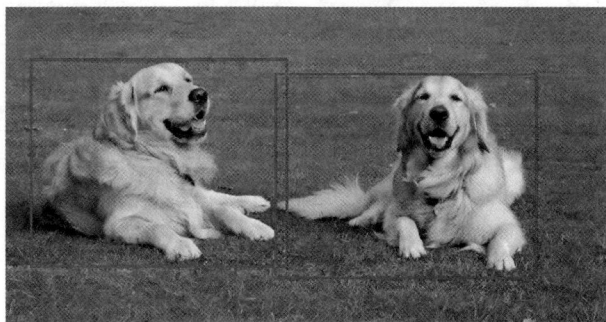

图 9-7  边界框示意图

边界框为目标检测任务提供了感兴趣区域（Region of Interest，RoI），使模型能够将注意力集中在可能包含目标物体的区域上，从而进行后续的分类任务。具体来说，目标检测的边界框回归阶段，会通过预测边界框的位置和大小来定位目标物体；目标分类阶段，在确定了边界框的情况下，对边界框内的图像区域进行分类，判断该区域中是否包含目标物体及目标的类别是什么。

通过设置边界框，一方面，模型仅对图像的指定区域进行扫描和计算，大大减少了计算量；另一方面，模型能够根据边界框的精确定位，更加准确地识别和定位目标物体；另外，可以将目标物体从图像中提取出来，为后续的识别和分析提供便利。

2. 锚框

锚框（Anchor Box）是指以某个像素为中心，生成多个大小和宽高比不同的边界框集合。也就是说，锚框用于生成候选区的边界框，作为潜在的目标检测框。在目标检测中，为了检测不同尺寸和比例的目标物体，通常会使用多个预定义的锚框来尝试匹配不同大小和形状的目标。这些锚框通常是多个固定宽高比的矩形框，它们覆盖了图像的不同区域，用于捕捉可能包含目标的位置。如图 9-8 所示，左侧小狗头部上的点为锚点，三个浅色框为不同宽高比的锚框。

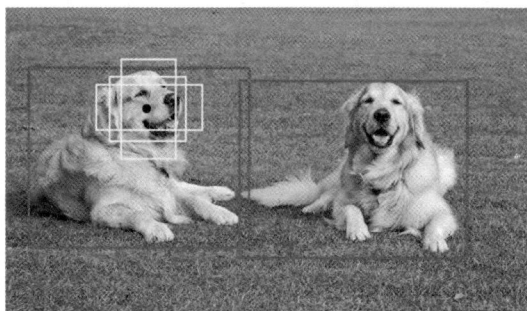

图 9-8　锚框示意

3. 交并比

在目标检测过程中，当有多个边界框覆盖了图像中的目标物体时，如果该物体的真实边界框已知，那么需要有一个衡量预测边界框好坏的指标，而这个指标就是交并比。交并比（Intersection over Union，IoU）指预测边界框与真实边界框之间的交集面积与并集面积的比值。在目标检测中，可以通过交并比来评估预测边界框与真实边界框的相似度，交并比数值越大，表明算法的定位越准确。因此，它也是衡量目标检测算法性能的重要指标之一。

在实际检测过程中，一般会设定一个 IoU 阈值（如 0.5），如果大于或等于该阈值，即预测边界框与真实边界框的重叠程度较高，则认为预测边界框正确定位了目标，并将其称为正样本，否则称为负样本。如果预测边界框定位不理想，则可以使用回归算法来调整预测边界框的位置和大小，使其更接近真实边界框。

【项目实施】

# 任务 9.1　数 据 准 备

数据准备

【任务描述】

本任务将分析 Penn-Fudan 数据集的数据构成，在此基础上构建行人检测数据集，同时对其中的图像进行图像增广、数据整理等操作，完成对数据的加载。通过本任务的学习，能够进一步熟练掌握图像数据预处理的方法。

**【实施思路】**

（1）了解目标检测中使用边界框描述目标位置的实现方法。

（2）探索分析数据：观察 Penn-Fudan 数据集的组成，利用 Image 类相关函数显示图像及其掩码，以了解其特点，为定义行人检测数据集做前期准备。

（3）实现数据集实例化和加载：利用 Torch 库的 Dataset 类定义行人检测数据集类；确定图像增广、数据整理的内容；利用 Torch 库的 DataLoader 函数对数据进行加载。

**【任务实施】**

1. 了解边界框对目标位置描述的方法

在目标检测问题中，边界框是用来表示图像中目标位置的一个矩形框，它的表示格式为 [xmin, ymin, xmax, ymax]，4 个元素的含义分别是矩形框左上角的 $x$、$y$ 轴坐标和右下角的 $x$、$y$ 轴坐标。下面通过一个例子来演示如何使用边界框来表示目标位置。

首先，绘制出原始图像，根据图像中目标所在区域的坐标位置，来定义边界框，代码如下：

```
#导入库
import matplotlib.pyplot as plt
import cv2

#绘制原始图像
img = plt.imread('../images/cat_dog.jpg')
plt.imshow(img)
```

运行以上代码，输出结果如图 9-9 所示。图中包括两个目标：猫和狗，以及两只小动物所在区域的 $x$、$y$ 坐标。

图 9-9 猫、狗原始图像

接着，通过手动方式进行几次尝试和调整，可标注出这两只小动物的边界框，其中狗的边界框为[40, 30, 252, 336]，猫的边界框为[257, 76, 422, 313]。再利用以下代码，在原始图像上加上边界框，以标示两只小动物的所在位置。

```
#定义数组，保存猫、狗的边界框信息
boxs = [[40, 30, 252, 336], [257, 76, 422, 313]]
#定义两个边界框的颜色
colors = [(0,250,0),(250,0,0)]

#定义绘制边界框的函数
def box_to_area(boxs, img, colors):
    #使用 cv2 分别绘制猫、狗的边界框
    for i in range(len(boxs)):
        #rectangle 参数分别为图像、左上角坐标、右下角坐标、颜色和线宽
        cv2.rectangle(img, (boxs[i][0], boxs[i][1]), (boxs[i][2], boxs[i][3]), colors[i], 3)

#绘制图像
plt.imshow(img)
plt.show()

#调用 box_to_area 函数
box_to_area(boxs, img, colors)
```

运行以上代码，输出结果如图 9-10 所示，可以看到边界框标出猫狗所在位置的效果。

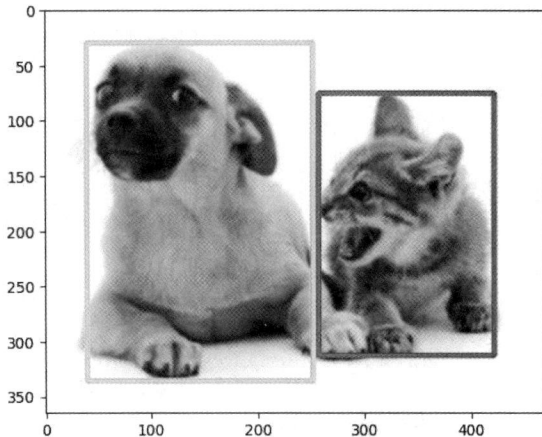

图 9-10　加上边界框的猫、狗图像

2. 探索分析数据

（1）导入库。本任务中，除 NumPy、Matplotlib、Torch 和 PIL 等常用库以外，需要导入 cv2、os、torchvision 库。其中 cv2 用于图像的读取和边界框的绘制处理，os 用于实现对文件路径的操作，torchvision 则用于数据集加载和图像增广等操作。os 和 torchvision 属于 Python 的自带库，无须单独安装。cv2 是第三方库，如果该库不存在，则可以在命令窗口中，使用以下命令进行安装。

```
pip install opencv-python          #安装 cv2 库
```

cv2 安装完成后，可以进行库的导入，代码如下。

```
import os
import numpy as np
import torch
from PIL import Image
import matplotlib.pyplot as plt
import cv2
import torchvision
import utils
import transforms as T
from torchvision.transforms import functional as F
from torch.utils.data import DataLoader, Subset
import warnings
warnings.filterwarnings('ignore')
```

（2）观察 Penn-Fudan 数据集中的图像及其掩码。Penn-Fudan 数据集中包括三个部分内容，一是 PNGImages 文件夹，用于保存图像信息数据文件；二是 PedMasks 文件夹，用于保存图像对应的掩码文件；三是 Annotation 文件夹，用于保存图像的标注文件，格式为.txt。这里的掩码是将目标实例的像素值标记为 1（前景）或 0（背景）的二进制掩码图像，因此，掩码文件是一种特殊的图像文件。

首先，从 PNGImages 文件夹中读取编号为 FudanPed00012 的图片，代码如下：

```
image_1 = Image.open('../data/PennFudanPed/PNGImages/FudanPed00012.png')
image_1.show()
```

上述代码的运行结果如图 9-11 所示。

图 9-11　编号为 FudanPed00012 的图片

接着，读取图像对应的掩码，并对其中的目标行人设置颜色，代码如下：

```
#语句 1：读取编号为 FudanPed00012_mask 的二进制掩码图像
mask = Image.open('../data/PennFudanPed/PedMasks/FudanPed00012_mask.png')
#语句 2：将掩码模式转换为'P'
mask.convert('P')
#显示二进制掩码图像
mask.show()
#语句 3：为二进制掩码图像分配调色板颜色
```

```
mask.putpalette([
        0, 0, 0,              #黑色背景
        255, 0, 0,            #目标 1 前景色为红色
        255, 255, 0,          #目标 2 前景色为黄色
    ])
#语句 4：将二进制掩码图像模式转换为'RGB'（3×8 位像素，真彩）
mask = mask.convert('RGB')
mask.show()
```

上述代码的运行结果如图 9-12 所示。

（a）二进制掩码图像原图　　　　　（b）二进制掩码图像分配调色板颜色后的效果

图 9-12　编号为 FudanPed00012 的图片

运行结果分析：图 9-12（a）所示是二进制掩码图像原图，它仅包含全黑背景和目标行人，之所看到的全是黑色，其原因是二进制掩码图像中的背景像素值为 0（黑色），两个目标行人分别使用像素值 1 和 2 来表示，与黑色几乎一样，肉眼无法分辨。图 9-12（b）所示是为两个目标行人分别重新分配了新颜色后的效果，人眼能够看到其外形轮廓，即掩码。

代码说明：语句 1 和语句 2 读取了 Penn-Fudan 数据集中的二进制掩码图像文件，并将图像模式转换为 P，P 模式表示 8 位彩色图像，每个像素由 8bit 表示。这里转换图像模式的目的是为设置图像的调色板做准备。语句 3 和语句 4 通过调色板设置，显示了二进制掩码图像原图中的行人目标，其中 putpalette 函数用于设置调色板，调色板是一组颜色的集合，用来表示图像中的像素，每个颜色都是一个 RGB 组合。语句 3 在调用 putpalette 函数时，设置参数为 3 组 RGB 值，分别是黑色、红色和黄色，用于显示背景、目标行人 1 和目标行人 2。当然，参数的个数可以根据目标行人的数量来调整。

（3）自定义行人检测数据集类。根据 Penn-Fudan 数据集中的原始数据，自定义一个行人检测模型训练用的数据集。自定义数据集时，需要继承自 torch.utils.data.Dataset 类，并且实现__len__ 和 __getitem__方法，其中__getitem__方法返回的图像数据格式如下：

1）img：训练用的图像，形状为[3, H, W]的 PIL 图像，其中 3 为通道数，H、W 分别为高和宽。

2）target：图像目标字典，其字段有：

①boxes：N 个掩码边界框的坐标，类型为 FloatTensor[N, 4]，其中 N 表示为[x0, y0, x1,y1]，且坐标的取值范围不能超出图像的宽和高。

②labels：每个掩码的标签，0 表示背景，若没有背景则无 0，类型为 Int64Tensor[N]。

③masks：掩码，形状为[2, H, W]。

④image_id：图像索引，也是其唯一标识符，类型为 Int64Tensor[1]。

⑤area：掩码边界框的面积，类型为 Tensor[N]。

⑥is_crowd：当其为 True 时，当前目标实例会被忽略，类型为 UInt8Tensor[N]。这里的实例指的是除背景外，多个目标中的任意一个。

自定义行人检测数据集类 PennFudanDataset 的代码如下：

```
class PennFudanDataset(Dataset):
    ################
    用于加载 Penn-Fudan 数据集并提供访问图像、标签和掩码的类
    ################
    def __init__(self, root, transforms=None):
        self.root = root
        #定义数据增广操作
        self.transforms = transforms
        #语句 1：获取指定目录下的所有文件名，排序后存入集合 list
        self.imgs = list(sorted(os.listdir(os.path.join(root, 'PNGImages'))))
        self.masks = list(sorted(os.listdir(os.path.join(root, 'PedMasks'))))

    def __getitem__(self, idx):
        #获取图像及其二进制掩码图像的路径
        img_path = os.path.join(self.root, 'PNGImages', self.imgs[idx])
        mask_path = os.path.join(self.root, 'PedMasks', self.masks[idx])

        #加载图像和二进制掩码图像
        img = Image.open(img_path).convert('RGB')
        mask = Image.open(mask_path)

        #将二进制掩码图像转换为 NumPy 数组
        mask = np.array(mask)
        obj_ids = np.unique(mask)

        #剔除背景（索引 0）的对象 ID
        obj_ids = obj_ids[1:]

        #语句 2：将掩码数组转换为二元掩码集合
        masks = mask == obj_ids[:, None, None]
        num_objs = len(obj_ids)

        #计算每个目标的边界框
        boxes = []
        for i in range(num_objs):
            pos = np.where(masks[i])
            xmin = np.min(pos[1])
            xmax = np.max(pos[1])
            ymin = np.min(pos[0])
            ymax = np.max(pos[0])
            boxes.append([xmin, ymin, xmax, ymax])
```

```
#将边界框和标签转换为 PyTorch 张量
boxes = torch.as_tensor(boxes, dtype=torch.float32)
labels = torch.ones((num_objs,), dtype=torch.int64)

#将二元掩码集合转换为 PyTorch 张量
masks = torch.as_tensor(masks, dtype=torch.uint8)

#为当前图像创建目标字典
image_id = torch.tensor([idx])
area = (boxes[:, 3] - boxes[:, 1]) * (boxes[:, 2] - boxes[:, 0])
iscrowd = torch.zeros((num_objs,), dtype=torch.int64)

target = {
    'boxes': boxes,
    'labels': labels,
    'masks': masks,
    'image_id': image_id,
    'area': area,
    'iscrowd': iscrowd
}

#图像增广操作
if self.transforms is not None:
    img = self.transforms(img)

return img, target

def __len__(self):
    #返回数据集中图像的总数
    return len(self.imgs)
```

代码说明:

- 在__init__和__getitem__方法中,都使用了 os 库的相关函数实现对文件夹或文件的访问,其中 path.join 函数用于拼接路径。语句 1 中将指定目录 root 和子目录名 PNGImages 拼接成一个完整的路径。listdir 函数的功能是列出指定目录下的所有文件和子目录。

- 语句 2 对掩码数组进行了转换处理,得到了一个二元掩码集合,且该集合元素个数与目标个数相同。这里的二元指的是单个掩码的元素仅有 True 或 False,即目标所占元素均为 True,其他均为 False;而目标指的是要进行检测的行人。

(4)观察自定义数据集中的图像及其掩码。以 Penn-Fudan 为原始数据,利用 PennFudanDataset 类定义行人检测数据集,并通过可视化来观察其中的图像数据。

首先,创建行人检测数据集,并显示第一幅图像,代码如下:

```
#创建行人检测数据集
dataset = PennFudanDataset('../data/PennFudanPed')

#获取第一幅图像
```

```
img = np.array(dataset[0][0])

#显示图像
plt.figure(figsize=(16, 8))
plt.axis('off')
plt.imshow(img)
plt.show()
```

运行上述代码，输出结果如图 9-13 所示。

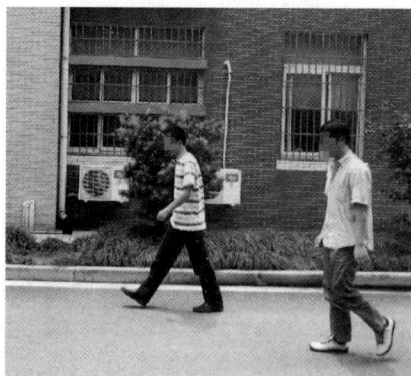

图 9-13　行人检测数据集中的第一幅图像

然后，对第一幅图像上的行人加上边界框，再来查看效果，代码如下：

```
#提取第一幅图像的边界框信息
boxes = dataset[0][1]['boxes'].cpu().numpy().astype(np.int32)

plt.figure(figsize=(16, 8))
#为每个目标绘制绿色矩形，以表示实际边界框
for b in boxes:
    cv2.rectangle(img, (b[0], b[1]), (b[2], b[3]), (0, 220, 0),3)
plt.axis('off')
plt.imshow(img)
plt.show()
```

运行上述代码，输出结果如图 9-14 所示。

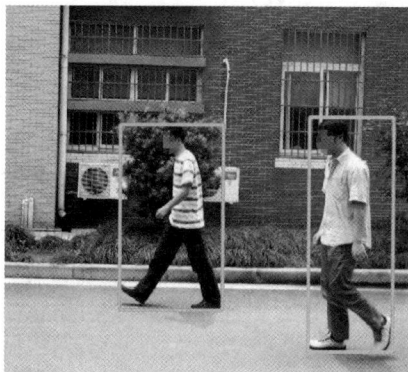

图 9-14　第一幅图像加上边界框后的效果

接着，查看第一幅图像对应的掩码，代码如下：

```
#提取第一幅图像中各目标的掩码，转换成像素为0～255的图像
image_0_mask_0 = Image.fromarray(dataset[0][1]['masks'][0].mul(255).byte().numpy())
image_0_mask_1 = Image.fromarray(dataset[0][1]['masks'][1].mul(255).byte().numpy())
#图像叠加处理
fin = Image.blend(image_0_mask_0, image_0_mask_1, 0.3)
fin.show()
```

运行以上代码，输出结果如图9-15所示。

图9-15　第一幅图像对应的掩码

最后，还可以将图像及其掩码数据的形状进行对比，代码如下：

```
print(image_0.shape,dataset[0][1]['masks'].shape,
dataset[0][1]['masks'][0].shape, dataset[0][1]['masks'][1].shape)
```

输出结果：

```
(536, 559, 3) torch.Size([2, 536, 559]) torch.Size([536, 559]) torch.Size([536, 559])
```

运行结果分析：由图9-13、图9-14、图9-15可知，行人检测数据集是一个二维数组，可以从中读取图像，也可以提取对应的掩码等信息。图9-15是一幅合成图像，它先将两个行人掩码分别转换为图像，再合成显示。读者可以直接显示image_0_mask_0或image_0_mask_1，可以看到其只包含一个行人的掩码。另外，从输出的图像及其掩码数据的形状来看，该图像尺寸为(536,559)，图像通道为3，掩码通道为2，每个目标掩码通道为1，这与PennFudanDataset类的定义是相吻合的。

代码说明：

- Image.fromarray函数的作用是将数组转换为图像。它有2个参数：obj和mode，其中obj表示转换为图像的二维Numpy数组；moder为字符串，表示输出图像的模式，默认为L（灰度图）。
- Image.blend函数的作用是将两幅图像进行叠加，从而合成一幅图像。它有3个参数：img1、img2和alpha，其中img1和img2为需要做叠加处理的图像；alpha为浮点数，取值范围为[0,1]，如果取值为0，则合成后返回第一幅图像的副本，如果为1，则返回第二幅图像的副本，叠加处理是基于img1×(1-alpha) + img2×alpha算式进行融合的。

3. 构建数据集

（1）定义图像增广处理函数。为了增强样本的多样性，需要通过增广技术来对图像进行

预处理，定义图像增广处理函数的代码如下：

```
def get_transform(train):
    transforms = []
    transforms.append(torchvision.transforms.ToTensor())

    if train:
        transforms.append(torchvision.transforms.RandomHorizontalFlip(0.5))

    return torchvision.transforms.Compose(transforms)
```

代码说明：这里的增广操作包括将图像转换为 Tensor 类型和以一定的概率进行水平翻转。torchvision.transforms.ToTensor 函数之前已经被使用过多次，这里不再赘述；而 torchvision.transforms.RandomHorizontalFlip 函数的作用是以特定的概率将图片进行水平翻转。它只有 1 个参数 p，用于表示图片水平翻转的概率，默认值是 0.5。

（2）创建训练集和测试集。利用 PennFudanDataset 类定义训练集和测试集，其中训练集使用 get_transform 函数做增广处理，测试集则不做任何处理，代码如下：

```
#创建训练集对象
dataset = PennFudanDataset('../data/PennFudanPed', get_transform(train=True))
#创建测试集对象
dataset_test = PennFudanDataset('../data/PennFudanPed', get_transform(train=False))
#显示两个数据集样本数
len(dataset), len(dataset_test)
```

输出结果：

```
170, 170
```

（3）设置随机种子并随机划分数据集。通过设置随机种子，来保证训练结果的确定性。由于训练集和测试集中的数据样本是完全一样的，所以需对数据集进行划分，形成训练集和测试集，代码如下：

```
#设置随机种子
torch.manual_seed(1)
#打乱原有样本的下标顺序
indices = torch.randperm(len(dataset)).tolist()
#选取 dataset 中前 120 个样本为训练集
dataset = Subset(dataset, indices[:-50])
#选取 dataset_test 中后 50 个样本为测试集
dataset_test = Subset(dataset_test, indices[-50:])
```

（4）加载数据。利用 DataLoader 函数创建数据加载器对象，进行训练集和测试集的数据加载处理，代码如下：

```
#创建数据加载器，加载训练集
data_loader = DataLoader(
    dataset,
    batch_size=1,
    shuffle=True,
    num_workers=0,
```

```
        collate_fn=utils.collate_fn
)
#创建数据加载器，加载测试集
data_loader_test = DataLoader(
        dataset_test,
        batch_size=1,
        shuffle=False,
        num_workers=0,
        collate_fn=utils.collate_fn
)
```

# 任务 9.2　Mask R-CNN 模型的搭建与训练配置

## 【任务描述】

在任务 9.1 的基础上，采用 Mask R-CNN 构建"目标定位与分类+实例分割"网络，并进行相应的训练配置，包括设备配置和优化器。通过本任务的学习，能够进一步理解 Mask R-CNN 网络的结构，学会搭建 Mask R-CNN 网络，能够配置适用的优化器。

Mask R-CNN 模型的
搭建与训练配置

## 【实施思路】

（1）确定网络结构：选取 MaskRcnn_Resnet50_FPN 作为网络结构，并了解该网络的工作流程。

（2）实现网络构建：利用预训练好的 MaskRcnn_Resnet50_FPN 模型，定义 Mask R-CNN 网络模型。

（3）实现训练配置：设置训练用的设备配置，定义优化器和学习率。

## 【任务实施】

1. 确定 Mask R-CNN 网络的结构

所采用的网络结构是 MaskRcnn_Resnet50_FPN。它是 Mask R-CNN 的一种实现，其结构是在原 Faster R-CNN 网络的基础上，以 RoI Align 层替代 RoI Pooling 层，增加 Mask 分支实现实例分割。MaskRcnn_Resnet50_FPN 包含了主干网络（ResNet50 和特征金字塔网络（Feature Pyramid Network，FPN）、RPN 网络、ROI 头部网络（FCN、RoI Align、分类头部、回归头部和 Mask 头部）。其实现"目标定位与分类+实例分割"的具体工作过程如下：

（1）主干网络从原始图像中提取特征，并将这些特征传递给 RPN。

（2）由 RPN 生成一系列候选区域，并将这些候选区域投影到特征图上得到相应的特征矩阵。

（3）由 RoI Align 将特征矩阵缩放至 7×7 大小，分别输入分类头部、回归头部和 Mask 头部，预测候选区域的类别，并对候选区域进行微调，完成结果分类、边界框回归和 Mask 生成。

Mask R-CNN 所实现的"目标检测+实例分割",其具体任务是目标检测定位和识别特定物体,利用边界框标记其位置和类别,并在此基础上,以像素级别对不同物体进行分割处理。图 9-16 展示了两类检测效果,其中图 9-16(a)中仅实现了目标检测,识别出了 3 只羊的位置和类别,图 9-16(b)中实现了"目标检测+实例分割",不仅识别出了 3 只羊的位置和类别,还将 3 只羊、草地、道路分别用不同的颜色区域区分开来。

（a）目标检测　　　　　　　　　　　　　（b）目标检测+实例分割

图 9-16　两类检测效果

### 2. 导入库

这里需要导入的库包括 torch.optim，torchvision 库中的 maskrcnn_resnet50_fpn、FastRCNNPredictor 和 MaskRCNNPredictor，其中 torch.optim 用于创建优化器，maskrcnn_resnet50_fpn 用于创建模型实例，FastRCNNPredictor 和 MaskRCNNPredictor 分别用于创建分类预测器和 Mask 预测器。

```
#导入 torch.optim
import torch.optim as optim
#导入 maskrcnn_resnet50_fpn
from torchvision.models.detection import maskrcnn_resnet50_fpn
#导入 FastRCNNPredictor
from torchvision.models.detection.Mask_rcnn import FastRCNNPredictor
#导入 MaskRCNNPredictor
from torchvision.models.detection.mask_rcnn import MaskRCNNPredictor
```

### 3. 创建 MaskRcnn_Resnet50_FPN 模型的实例

PyTorch 库中内置了 MaskRcnn_Resnet50_FPN 模型,名称为 maskrcnn_resnet50_fpn。它是一个在 coco 数据集上训练好的预训练模型,我们可以直接使用它来创建 MaskRcnn_Resnet50_FPN 模型的实例。定义构建模型的函数 get_instance_segmentation_model，代码如下:

```
def get_instance_segmentation_model(num_classes):
#利用 coco 数据集上的预训练模型创建模型实例
model = maskrcnn_resnet50_fpn(pretrained=True)

#更新 Fast R-CNN 预测器的输出特征维度，以匹配给定的类别数
in_features = model.roi_heads.box_predictor.cls_score.in_features
model.roi_heads.box_predictor = FastRCNNPredictor(in_features, num_classes)

#获取 Mask R-CNN 预测器的输入特征维度
```

```
in_features_mask = model.roi_heads.mask_predictor.conv5_mask.in_channels
#设置中间隐藏层的神经元数
hidden_layer = 256
#更新 Mask R-CNN 的 Mask 预测器的隐藏层数和输出特征维度
#以匹配给定的类别数
model.roi_heads.mask_predictor = MaskRCNNPredictor(in_features_mask,
        hidden_layer, num_classes)


#返回已更新的 Mask R-CNN 模型
return model
```

通过调用 get_instance_segmentation_model 函数，可以查看所构建的模型结构，这里设置类别数参数值为 2。

```
#调用函数以获取包含两个类别的 Mask R-CNN 模型
get_instance_segmentation_model(num_classes=2)
```

运行上述代码，将输出所构建的 Mask R-CNN 模型的结构，由于该模型的结构复杂，因此，这里仅截取其中的部分信息，如图 9-17 所示。

```
MaskRCNN(
  (transform): GeneralizedRCNNTransform(
      Normalize(mean=[0.485, 0.456, 0.406], std=[0.229, 0.224, 0.225])
      Resize(min_size=(800,), max_size=1333, mode='bilinear')
  )
  (backbone): BackboneWithFPN(
    (body): IntermediateLayerGetter(
      (conv1): Conv2d(3, 64, kernel_size=(7, 7), stride=(2, 2), padding=(3, 3), bias=False)
      (bn1): FrozenBatchNorm2d(64, eps=0.0)
      (relu): ReLU(inplace=True)
      (maxpool): MaxPool2d(kernel_size=3, stride=2, padding=1, dilation=1, ceil_mode=False)
      (layer1): Sequential(
        (0): Bottleneck(
```

（a）Mask R-CNN 模型结构的开始部分

```
(roi_heads): RoIHeads(
  (box_roi_pool): MultiScaleRoIAlign(featmap_names=['0', '1', '2', '3'], output_size=(7, 7), sampling_ratio=2)
  (box_head): TwoMLPHead(
    (fc6): Linear(in_features=12544, out_features=1024, bias=True)
    (fc7): Linear(in_features=1024, out_features=1024, bias=True)
  )
  (box_predictor): FastRCNNPredictor(
    (cls_score): Linear(in_features=1024, out_features=2, bias=True)
    (bbox_pred): Linear(in_features=1024, out_features=8, bias=True)
  )
  (mask_roi_pool): MultiScaleRoIAlign(featmap_names=['0', '1', '2', '3'], output_size=(14, 14), sampling_ratio=2)
  (mask_head): MaskRCNNHeads(
    (0): Conv2dNormActivation(
      (0): Conv2d(256, 256, kernel_size=(3, 3), stride=(1, 1), padding=(1, 1))
      (1): ReLU(inplace=True)
    )
    (1): Conv2dNormActivation(
      (0): Conv2d(256, 256, kernel_size=(3, 3), stride=(1, 1), padding=(1, 1))
      (1): ReLU(inplace=True)
    )
    (2): Conv2dNormActivation(
      (0): Conv2d(256, 256, kernel_size=(3, 3), stride=(1, 1), padding=(1, 1))
      (1): ReLU(inplace=True)
    )
    (3): Conv2dNormActivation(
      (0): Conv2d(256, 256, kernel_size=(3, 3), stride=(1, 1), padding=(1, 1))
      (1): ReLU(inplace=True)
    )
  )
  (mask_predictor): MaskRCNNPredictor(
    (conv5_mask): ConvTranspose2d(256, 256, kernel_size=(2, 2), stride=(2, 2))
    (relu): ReLU(inplace=True)
    (mask_fcn_logits): Conv2d(256, 2, kernel_size=(1, 1), stride=(1, 1))
  )
)
```

（b）Mask R-CNN 模型结构的 RoI 头部网络部分

图 9-17　MaskRcnn_Resnet50_FPN 模型加载信息

代码说明：

- model.roi_heads.box_predictor.cls_score.in_features 是指预训模型的打分模块的输入特征维度，也就是特征提取模块的输出特征维度。

- FastRCNNPredictor(in_features, num_classes)是 Fast R-CNN 的预测部分，它与 Faster R-CNN 的预测部分相同，代码中利用它将预训模型的预测部分修改为自定义的分类预测部分。该函数有 2 个参数：输入特征维度和输出特征维度。

- MaskRCNNPredictor(in_features_mask,hidden_layer,num_classes)是 Mask 预测器部分，代码中利用它将预训模型的 Mask 预测部分更新为自定义的 Mask 预测部分。该函数有 3 个参数：输入特征维度、中间层维度和输出特征维度（类别个数）。

4. 训练配置

训练配置包括设备配置和定义优化器。

（1）设备配置。指定模型或数据所使用的设备配置（CPU 或 GPU），代码如下：

```
device = torch.device('cuda') if torch.cuda.is_available() else torch.device('cpu')
```

（2）定义优化器。损失函数直接使用预训模型的损失函数，无须自行定义。这里优化器选用了 SGD，为了优化预训模型的训练过程，将根据模型训练过程的表现，适当调整优化器中的学习率。学习率的调节采用学习率调度器，基于一定的策略进行自动调整，代码如下：

```
#获取模型参数
params = [p for p in model.parameters() if p.requires_grad]
#配置优化器
optimizer = optim.SGD(
    params, lr=0.005, momentum=0.9, weight_decay=0.0005
)
#配置学习率调度器
lr_scheduler = torch.optim.lr_scheduler.StepLR(optimizer,
                                               step_size=3,
                                               gamma=0.1)
```

代码说明：torch.optim.lr_scheduler.StepLR 是学习率调度器函数，它的作用是按照一定策略对学习率进行调节。该函数有三个参数：optimizer、step_size 和 gamma，其中 optimizer 表示神经网络所使用的优化器对象；step_size 表示多少轮循环后更新一次学习率；gamma 表示每次将学习率更新为原来的 gamma 倍，即每次学习率降低的缩放比例。代码中设置 step_size 为 3，gamma 为 0.1，则表示每经过 3 轮训练，将降低一次学习率，且降低幅度为原来的 0.1 倍。

# 任务 9.3　Mask R-CNN 网络训练与模型评估

## 【任务描述】

在任务 9.2 的基础上，在训练集上对预训模型进行训练；根据训练结果对模型进行评估。通过本任务的学习，能够掌握 Mask R-CNN 网络训练和模型评估的方法。

Mask R-CNN
网络训练与模型评估

## 【实施思路】

（1）实现预训练模型训练：通过预训练模型预测→计算训练损失→更新模型参数→调整学习率→验证预训练模型等环节，在训练集中循环进行多次操作。

（2）实现模型评估：根据预训练模型训练过程中预测精准度的变化，来评估 Mask R-CNN 模型的稳定性。

（3）实现模型保存：利用 Torch 库的 save 函数，将训练好的 Mask R-CNN 模型保存为文件形式。

## 【任务实施】

1. 导入库

这里需要导入 engine 模块，用于实现模型训练和模型评估，代码如下：

```
from engine import train_one_epoch, evaluate
```

2. 创建预训练模型的实例

```
#训练次数
num_epochs = 5
#目标类别数
num_classes = 2

#创建模型实例
model = get_instance_segmentation_model(num_classes=num_classes)
#将模型移动到指定设备上进行计算
model.to(device)
```

3. 训练预训练模型

训练预训练模型的实现流程是按照设置的训练次数进行训练，每次的步骤为在训练集上进行模型预测、计算训练损失和更新模型参数；使用学习率调度器调整学习率；在测试集上进行模型的性能验证，并计算验证损失、精准度等指标。

（1）定义训练函数。

```
def train_one_epoch(model, optimizer, data_loader, device, epoch, print_freq):
    #设置为训练模式
    model.train()
    #定义度量记录器对象
    metric_logger = utils.MetricLogger(delimiter="  ")
    metric_logger.add_meter('lr', utils.SmoothedValue(window_size=1, fmt='{value:.6f}'))
    header = 'Epoch: [{}]'.format(epoch)
    lr_scheduler = None
    #设置学习率调度器
    if epoch == 0:
        warmup_factor = 1. / 1000
        warmup_iters = min(1000, len(data_loader) - 1)
```

```
lr_scheduler = utils.warmup_lr_scheduler(optimizer, warmup_iters, warmup_factor)
#通过迭代器遍历数据集中的样本
for images, targets in metric_logger.log_every(data_loader, print_freq, header):
    #读取图像信息的 images 和 targets
    images = list(image.to(device) for image in images)
    targets = [{k: v.to(device) for k, v in t.items()} for t in targets]

    #调用模型进行预测
    loss_dict = model(images, targets)

    #计算总的损失函数
    losses = sum(loss for loss in loss_dict.values())

    #去除因记录目的在每个 GPU 上所产生的损失
    loss_dict_reduced = utils.reduce_dict(loss_dict)
    losses_reduced = sum(loss for loss in loss_dict_reduced.values())

    loss_value = losses_reduced.item()

    #当 loss_value 为有限值时，输出损失值并退出当前批次训练
    if not math.isfinite(loss_value):
        print("Loss is {}, stopping training".format(loss_value))
        print(loss_dict_reduced)
        sys.exit(1)

    #参数梯度清零
    optimizer.zero_grad()
    #反向传播，计算梯度
    losses.backward()
    #更新参数
    optimizer.step()

    #当 lr_scheduler 存在时，调节学习率
    if lr_scheduler is not None:
        lr_scheduler.step()

    #更新记录器中的数据
    metric_logger.update(loss=losses_reduced, **loss_dict_reduced)
    metric_logger.update(lr=optimizer.param_groups[0]["lr"])

return metric_logger
```

代码说明："定义度量记录器对象"语句中的 utils.MetricLogger 函数，可称为度量记录器。该函数可用于统计各项数据，或者显示各项指标。

（2）定义验证函数。代码如下：

```
@torch.no_grad()
def evaluate(model, data_loader, device):
```

```
#获取并行化 CPU 操作的线程数
n_threads = torch.get_num_threads()
#设置 CPU 并行计算时所占用的线程数
torch.set_num_threads(1)
cpu_device = torch.device("cpu")
#设置为评估模式
model.eval()
metric_logger = utils.MetricLogger(delimiter="    ")
header = 'Test:'

#读取数据集
coco = get_coco_api_from_dataset(data_loader.dataset)
iou_types = _get_iou_types(model)
#在 coco 上评测目标检测、实例分割、关键点检测的 AP
coco_evaluator = CocoEvaluator(coco, iou_types)

    #对数据集上的每个样本进行预测
    for images, targets in metric_logger.log_every(data_loader, 100, header):
    images = list(img.to(device) for img in images)

    torch.cuda.synchronize()
    model_time = time.time()
    #使用模型对图像进行预测
    outputs = model(images)

    outputs = [{k: v.to(cpu_device) for k, v in t.items()} for t in outputs]
    model_time = time.time() - model_time

    res = {target["image_id"].item(): output for target, output in zip(targets, outputs)}
    evaluator_time = time.time()
    coco_evaluator.update(res)
    evaluator_time = time.time() - evaluator_time
    metric_logger.update(model_time=model_time, evaluator_time=evaluator_time)

#gather the stats from all processes
metric_logger.synchronize_between_processes()
print("Averaged stats:", metric_logger)
coco_evaluator.synchronize_between_processes()

#对所有图像预测结果进行累加
coco_evaluator.accumulate()
#计算平均精度和平均召回率
coco_evaluator.summarize()
torch.set_num_threads(n_threads)
return coco_evaluator
```

代码说明:"对数据集上的每个样本进行预测"语句中的 for images, targets in metric_logger.log_every(data_loader, 100, header)的功能等同于 for images, targets in data_loader,即从数

据加载器中逐个读取 images 和 targets。

（3）训练和验证预训模型。代码如下：

```
for epoch in range(num_epochs):
    #调用训练函数训练预训模型
    train_one_epoch(model, optimizer, data_loader, device, epoch, print_freq=10)
    #调用学习率调度器调节学习率
    lr_scheduler.step()
    #调用验证函数，在测试集上进行验证
    evaluate(model, data_loader_test, device=device)
```

运行上述代码，输出结果如图 9-18 所示。

```
IoU metric: bbox
 Average Precision  (AP) @[ IoU=0.50:0.95 | area=   all | maxDets=100 ] = 0.669
 Average Precision  (AP) @[ IoU=0.50      | area=   all | maxDets=100 ] = 0.967
 Average Precision  (AP) @[ IoU=0.75      | area=   all | maxDets=100 ] = 0.812
 Average Precision  (AP) @[ IoU=0.50:0.95 | area= small | maxDets=100 ] = -1.000
 Average Precision  (AP) @[ IoU=0.50:0.95 | area=medium | maxDets=100 ] = 0.444
 Average Precision  (AP) @[ IoU=0.50:0.95 | area= large | maxDets=100 ] = 0.687
 Average Recall     (AR) @[ IoU=0.50:0.95 | area=   all | maxDets=  1 ] = 0.319
 Average Recall     (AR) @[ IoU=0.50:0.95 | area=   all | maxDets= 10 ] = 0.720
 Average Recall     (AR) @[ IoU=0.50:0.95 | area=   all | maxDets=100 ] = 0.729
 Average Recall     (AR) @[ IoU=0.50:0.95 | area= small | maxDets=100 ] = -1.000
 Average Recall     (AR) @[ IoU=0.50:0.95 | area=medium | maxDets=100 ] = 0.613
 Average Recall     (AR) @[ IoU=0.50:0.95 | area= large | maxDets=100 ] = 0.738
IoU metric: segm
 Average Precision  (AP) @[ IoU=0.50:0.95 | area=   all | maxDets=100 ] = 0.614
 Average Precision  (AP) @[ IoU=0.50      | area=   all | maxDets=100 ] = 0.944
 Average Precision  (AP) @[ IoU=0.75      | area=   all | maxDets=100 ] = 0.708
 Average Precision  (AP) @[ IoU=0.50:0.95 | area= small | maxDets=100 ] = -1.000
 Average Precision  (AP) @[ IoU=0.50:0.95 | area=medium | maxDets=100 ] = 0.299
 Average Precision  (AP) @[ IoU=0.50:0.95 | area= large | maxDets=100 ] = 0.631
 Average Recall     (AR) @[ IoU=0.50:0.95 | area=   all | maxDets=  1 ] = 0.298
 Average Recall     (AR) @[ IoU=0.50:0.95 | area=   all | maxDets= 10 ] = 0.673
 Average Recall     (AR) @[ IoU=0.50:0.95 | area=   all | maxDets=100 ] = 0.683
 Average Recall     (AR) @[ IoU=0.50:0.95 | area= small | maxDets=100 ] = -1.000
 Average Recall     (AR) @[ IoU=0.50:0.95 | area=medium | maxDets=100 ] = 0.637
 Average Recall     (AR) @[ IoU=0.50:0.95 | area= large | maxDets=100 ] = 0.686
```

（a）第 1 次训练结果

```
IoU metric: bbox
 Average Precision  (AP) @[ IoU=0.50:0.95 | area=   all | maxDets=100 ] = 0.742
 Average Precision  (AP) @[ IoU=0.50      | area=   all | maxDets=100 ] = 0.974
 Average Precision  (AP) @[ IoU=0.75      | area=   all | maxDets=100 ] = 0.898
 Average Precision  (AP) @[ IoU=0.50:0.95 | area= small | maxDets=100 ] = -1.000
 Average Precision  (AP) @[ IoU=0.50:0.95 | area=medium | maxDets=100 ] = 0.459
 Average Precision  (AP) @[ IoU=0.50:0.95 | area= large | maxDets=100 ] = 0.759
 Average Recall     (AR) @[ IoU=0.50:0.95 | area=   all | maxDets=  1 ] = 0.344
 Average Recall     (AR) @[ IoU=0.50:0.95 | area=   all | maxDets= 10 ] = 0.801
 Average Recall     (AR) @[ IoU=0.50:0.95 | area=   all | maxDets=100 ] = 0.801
 Average Recall     (AR) @[ IoU=0.50:0.95 | area= small | maxDets=100 ] = -1.000
 Average Recall     (AR) @[ IoU=0.50:0.95 | area=medium | maxDets=100 ] = 0.700
 Average Recall     (AR) @[ IoU=0.50:0.95 | area= large | maxDets=100 ] = 0.808
IoU metric: segm
 Average Precision  (AP) @[ IoU=0.50:0.95 | area=   all | maxDets=100 ] = 0.669
 Average Precision  (AP) @[ IoU=0.50      | area=   all | maxDets=100 ] = 0.967
 Average Precision  (AP) @[ IoU=0.75      | area=   all | maxDets=100 ] = 0.784
 Average Precision  (AP) @[ IoU=0.50:0.95 | area= small | maxDets=100 ] = -1.000
 Average Precision  (AP) @[ IoU=0.50:0.95 | area=medium | maxDets=100 ] = 0.466
 Average Precision  (AP) @[ IoU=0.50:0.95 | area= large | maxDets=100 ] = 0.686
 Average Recall     (AR) @[ IoU=0.50:0.95 | area=   all | maxDets=  1 ] = 0.318
 Average Recall     (AR) @[ IoU=0.50:0.95 | area=   all | maxDets= 10 ] = 0.731
 Average Recall     (AR) @[ IoU=0.50:0.95 | area=   all | maxDets=100 ] = 0.734
 Average Recall     (AR) @[ IoU=0.50:0.95 | area= small | maxDets=100 ] = -1.000
 Average Recall     (AR) @[ IoU=0.50:0.95 | area=medium | maxDets=100 ] = 0.650
 Average Recall     (AR) @[ IoU=0.50:0.95 | area= large | maxDets=100 ] = 0.741
```

（b）倒数第 2 次训练结果

图 9-18（一）　预训模型的训练结果

```
IoU metric: bbox
 Average Precision  (AP) @[ IoU=0.50:0.95 | area=    all | maxDets=100 ] = 0.754
 Average Precision  (AP) @[ IoU=0.50      | area=    all | maxDets=100 ] = 0.976
 Average Precision  (AP) @[ IoU=0.75      | area=    all | maxDets=100 ] = 0.906
 Average Precision  (AP) @[ IoU=0.50:0.95 | area=  small | maxDets=100 ] = -1.000
 Average Precision  (AP) @[ IoU=0.50:0.95 | area=medium | maxDets=100 ] = 0.456
 Average Precision  (AP) @[ IoU=0.50:0.95 | area= large | maxDets=100 ] = 0.772
 Average Recall     (AR) @[ IoU=0.50:0.95 | area=    all | maxDets=  1 ] = 0.355
 Average Recall     (AR) @[ IoU=0.50:0.95 | area=    all | maxDets= 10 ] = 0.803
 Average Recall     (AR) @[ IoU=0.50:0.95 | area=    all | maxDets=100 ] = 0.803
 Average Recall     (AR) @[ IoU=0.50:0.95 | area=  small | maxDets=100 ] = -1.000
 Average Recall     (AR) @[ IoU=0.50:0.95 | area=medium | maxDets=100 ] = 0.675
 Average Recall     (AR) @[ IoU=0.50:0.95 | area= large | maxDets=100 ] = 0.813
IoU metric: segm
 Average Precision  (AP) @[ IoU=0.50:0.95 | area=    all | maxDets=100 ] = 0.681
 Average Precision  (AP) @[ IoU=0.50      | area=    all | maxDets=100 ] = 0.970
 Average Precision  (AP) @[ IoU=0.75      | area=    all | maxDets=100 ] = 0.868
 Average Precision  (AP) @[ IoU=0.50:0.95 | area=  small | maxDets=100 ] = -1.000
 Average Precision  (AP) @[ IoU=0.50:0.95 | area=medium | maxDets=100 ] = 0.460
 Average Precision  (AP) @[ IoU=0.50:0.95 | area= large | maxDets=100 ] = 0.695
 Average Recall     (AR) @[ IoU=0.50:0.95 | area=    all | maxDets=  1 ] = 0.324
 Average Recall     (AR) @[ IoU=0.50:0.95 | area=    all | maxDets= 10 ] = 0.734
 Average Recall     (AR) @[ IoU=0.50:0.95 | area=    all | maxDets=100 ] = 0.734
 Average Recall     (AR) @[ IoU=0.50:0.95 | area=  small | maxDets=100 ] = -1.000
 Average Recall     (AR) @[ IoU=0.50:0.95 | area=medium | maxDets=100 ] = 0.662
 Average Recall     (AR) @[ IoU=0.50:0.95 | area= large | maxDets=100 ] = 0.740
```

（c）最后 1 次训练结果

图 9-18（二）　预训练模型的训练结果

运行结果分析：由图 9-18 可知，预训练模型在训练过程中，分类预测精准度 bbox Average Precision 和 Mask 预测精准度 segm Average Precision 指标均有所提升。

4. 评估模型

预训练模型主要采用精准度（Precision）、召回率（Recall）指标对模型的性能进行评价。具体的评估方法是对不同维度的精准度、召回率计算其均值。

在评估模型之前，需要了解模型预测精准度信息的相关参数。图 9-19 显示的是第 1 轮训练得到的预测精准度信息，其中 IoU 表示真实边界框与预测边界框的交并比，如果大于阈值就是预测正确，否则预测错误。图中 IoU=0.50 意味着 IoU 大于 0.5 时，将被认为检测到目标，即将 IoU 设为 0.5 时，计算平均精度（mean Average Precision，mAP；IoU=0.50:0.95 则表示 IoU 的取值若在[0.5,0.95]范围内，则被认为检测到目标，计算步长 0.05 下不同 IoU 阈值（0.5、0.55、0.6、0.65、0.7、0.75、0.8、0.85、0.9、0.95）上的 mAP。IoU 阈值越低，则被判为正确检测到的目标越多，相应的 mAP 越高，如图中红框处两行的指标值。

```
IoU metric: bbox
 Average Precision  (AP) @[ IoU=0.50:0.95 | area=    all | maxDets=100 ] = 0.669
 Average Precision  (AP) @[ IoU=0.50      | area=    all | maxDets=100 ] = 0.967
 Average Precision  (AP) @[ IoU=0.75      | area=    all | maxDets=100 ] = 0.812
 Average Precision  (AP) @[ IoU=0.50:0.95 | area=  small | maxDets=100 ] = -1.000
 Average Precision  (AP) @[ IoU=0.50:0.95 | area=medium | maxDets=100 ] = 0.444
 Average Precision  (AP) @[ IoU=0.50:0.95 | area= large | maxDets=100 ] = 0.687
 Average Recall     (AR) @[ IoU=0.50:0.95 | area=    all | maxDets=  1 ] = 0.319
 Average Recall     (AR) @[ IoU=0.50:0.95 | area=    all | maxDets= 10 ] = 0.720
 Average Recall     (AR) @[ IoU=0.50:0.95 | area=    all | maxDets=100 ] = 0.729
 Average Recall     (AR) @[ IoU=0.50:0.95 | area=  small | maxDets=100 ] = -1.000
 Average Recall     (AR) @[ IoU=0.50:0.95 | area=medium | maxDets=100 ] = 0.613
 Average Recall     (AR) @[ IoU=0.50:0.95 | area= large | maxDets=100 ] = 0.738
```

图 9-19　第 1 轮训练得到的预测精准度信息

以 IoU 为 0.5 时的 mAP 为依据，对于模型分类预测和 Mask 预测效果进行评估。

由于模型训练的次数不是很多，这里就直接选取训练结果数据来绘制模型预测精准度曲线，感兴趣的读者可以研究 coco_eval.summarize 函数源码，可将绘制曲线部分的代码整合到该函数中。

```python
#创建数组，保存分类预测精准度和 Mask 预测精准度
bbox_mAP = np.array([0.967,0.966,0.949,0.974,0.976])
segm_mAP = np.array([0.944,0.966,0.924,0.967,0.970])

#绘制模型预测精准度曲线
plt.plot(bbox_mAP, label='bbox mAP',)
plt.plot(segm_mAP, label='segm mAP')
#设置 x 轴的范围
plt.xlim(0, num_epochs)
#设置 y 轴的范围
plt.ylim(0.85, 1.15)
plt.title('mean Average Precision curve')
plt.legend()
plt.show()
```

运行以上代码，输出结果如图 9-20 所示。

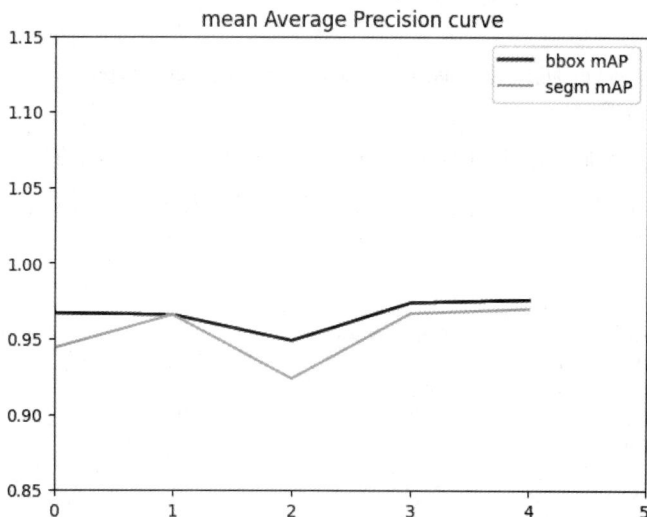

图 9-20　模型预测精准度曲线

运行结果分析：图 9-20 中的深色曲线表示分类预测精准度，浅色曲线表示 Mask 精准度（即分割图像精准度）。由该图可知，在训练过程中两个精准度都有逐渐提升的趋势。在第 5 次训练结束时，这两个精准度与开始相比均有较明显的提升。

5. 保存模型

在完成训练后，将训练好的模型保存到指定目录下，便于测试或使用，代码如下：

```python
torch.save(model, '../tmp/mask_rcnn_pennfudanped.pth')
```

# 任务 9.4　Mask R-CNN 模型测试

## 【任务描述】

使用任务 9.3 所保存的模型，在训练集上进行模型测试，并通过可视化方式分析预测结果和真实结果的差异性。通过本任务的学习，能够掌握目标检测结果的可视化方法。

Mask R-CNN
模型测试

## 【实施思路】

（1）定义可视化函数：利用 cv2 库提供的相关函数，实现对目标边界框的绘制处理。

（2）实现模型测试：将训练集上的图像数据输入 Mask R-CNN 模型，预测图像上目标的识别和分割，并与真实图像中的行人进行对照分析。

## 【任务实施】

1. 检查是否有可用的 GPU

检查是否有可用的 GPU，如果有，则创建设备对象并调用 GPU；否则使用 CPU，代码如下：

```
device = torch.device('cuda') if torch.cuda.is_available() else torch.device('cpu')
```

2. 实现模型测试

在训练集上，使用训练好的模型对图像中的行人类别、位置和掩码进行预测，以识别和分割目标行人，并通过可视化的方式，与原始图像中的行人进行叠加显示，以测试模型的预测性能。代码如下：

```
#加载训练好的模型
model = torch.load('../tmp/mask_rcnn_pennfudanped.pth')
#将模型加载到 GPU 上运行
model.to(device )
#设置模型为测试模式
model.eval()
#读取训练集中序号为 11 的图像作为测试图像
img, _ = dataset_test[11]

#使用模型预测当前图像上的行人位置和掩码
with torch.no_grad
prediction = model2([img.to(device)])
#显示预测结果
print(prediction)
```

运行以上代码，输出一组信息，因信息内容太多，故截取主要部分显示出来，如图 9-21 所示。

```
[{'boxes': tensor([[ 55.9454,  43.0000, 151.8269, 330.0009],
        [167.1607,  46.0216, 267.3682, 310.5269],
        [257.9636,  18.2678, 373.2439, 325.4965],
        [128.4499,  53.0482, 194.9147, 309.0282],
        [ 27.1691,  42.2727, 118.5043, 333.4779],
        [238.5094,  36.9630, 307.5912, 304.7081],
        [ 93.1453,  36.5839, 214.2417, 322.1722],
        [  5.8874,  50.4353,  80.8299, 331.1880],
        [100.5671,  41.7207, 164.7877, 307.1520],
        [285.5308,  31.1122, 376.3839, 218.2480],
        [202.5193,  33.7420, 281.6711, 257.6388],
        [  2.7957, 102.1486,  46.8879, 329.4522]], device='cuda:0'), 'labels': tensor([1, 1, 1, 1, 1, 1, 1, 1, 1, 1, 1, 1], device='cuda:
0'), 'scores': tensor([0.9456, 0.9444, 0.5685, 0.5253, 0.3995, 0.3380, 0.3019, 0.2681, 0.2657,
        0.2147, 0.0640, 0.0523], device='cuda:0'), 'masks': tensor([[[[0., 0., 0., ..., 0., 0., 0.],
        [0., 0., 0., ..., 0., 0., 0.],
        [0., 0., 0., ..., 0., 0., 0.],
        ...,
```

图 9-21　测试图像中的行人位置和掩码的预测结果

运行结果分析：图 9-21 中显示了预测结果 prediction，其格式和内容是由 MaskRCNNPredictor 来决定的。prediction 是一个列表，其每个元素代表一个目标类别，由于本任务中的目标种类只有"人"，因而该列表元素数为 1。prediction[0]是一个字典 target，包括 labels、boxes、masks 和 scores 字段，观察图 9-21 可以找到这些字段，其中 boxes 是行人位置边界框数据，masks 是行人掩码数据。下面通过运行以下代码，进一步分析这两个字段内容。

```
print(prediction[0]['boxes'].shape)
print(prediction[0]['masks'].shape)
print(prediction[0]['masks'][0, 0].shape)
```

输出结果：

```
torch.Size([12, 4])
torch.Size([12, 1, 381, 539])
torch.Size([381, 539])
```

从输出结果可知，prediction[0]['boxes']表示的是 12 个掩码边界框坐标；prediction[0]['masks']包含的是所有掩码；prediction[0]['masks'][0, 0]则表示当前图像的第 1 个掩码信息，其中第 1 维上的 0 表示第 1 个掩码，第 2 维上的 0 表示第 1 个通道（掩码仅有 1 个通道）。

3．结果分析

根据已得到的预测结果，生成对应的实例分割图像，并与原始图像进行叠加显示，以验证实例分割的效果。

（1）显示测试图像的原图。由于数据集中的图像是 Tensor 类型，所以需要对其进行格式转换才可以显示出来，先利用 mul 函数将[0,1]相对的 RGB 数值调整到[0,255]，再使用 permute 函数将通道维度调整到最后 1 位，由此得到 numpy 类型的图像数据，这样，通过 Image.fromarray 函数可读取 numpy 类型的 RGB 数值，从而显示图片，代码如下：

```
#创建测试图像对象
im = Image.fromarray(img.mul(255).permute(1, 2, 0).byte().numpy())
#显示图像
im
```

运行以上代码，输出结果如图 9-22 所示。

图 9-22  测试图像的原图

（2）根据预测结果生成分割图像。测试图像中只有 2 个目标，分别对应 2 个掩码，因此，只需要对这 2 个掩码进行格式转换，然后进行叠加形成一幅图像再加以显示，代码如下：

```
#基于预测结果中的第 1 个掩码，创建第 1 个目标掩码（分割图像）
im1 = Image.fromarray(
prediction[0]['masks'][0, 0].mul(255).byte().cpu().numpy()).convert("RGB")
#基于预测结果中的第 2 个掩码，创建第 2 个目标掩码（分割图像）
im2 = Image.fromarray(
prediction[0]['masks'][1, 0].mul(255).byte().cpu().numpy()).convert("RGB")

#混合两幅分割图像
im_i = Image.blend(im1, im2, 0.7)
im_i
```

运行以上代码，输出结果如图 9-23 所示。

图 9-23  两幅分割图像混合后的效果

（3）测试图像的原图与分割图像的对比。将测试图像的原图与分割图像进行叠加处理，来查看原图和分割效果是否吻合，代码如下：

```
#混合测试图像的原图和分割图像
fin = Image.blend(im, im_i, 0.7)
fin
```

运行以上代码，输出结果如图 9-24 所示。

图 9-24  测试图像的原图与分割图像叠加后的效果

从图 9-22、图 9-23 和图 9-24 所显示的结果来看，实例分割生成的掩码与原图的行人位置和轮廓是完全吻合的，说明本任务的实例分割算法能够实现对图像中目标的位置识别和个体的区分，且效果比较好。

# 项 目 小 结

1. 目标检测（物体检测、对象检测）的主要任务是从输入图像中定位感兴趣的目标（物体、对象），再准确地判断出每个感兴趣的目标的类别。

2. 目前能够实现目标检测的深度学习算法有两类：基于候选区域的目标检测算法和基于回归的目标检测算法。

3. 基于候选区域的目标检测算法也称为二阶段方法，它将目标检测问题分成两个阶段，第 1 个阶段生成候选区域（Region Proposal），第 2 个阶段把候选区域放入分类器进行分类并修正位置。这类算法的代表是 R-CNN、SPP-NET、Fast R-CNN、Faster R-CNN 和 Mask R-CNN。

4. 基于回归的目标检测算法则只有一个阶段，即直接对预测的目标进行回归，来实现目标检测。这类算法中，具有代表性的有 YOLO 系列和 SSD 系列。

# 课 后 练 习

项目 9  课后练习答案

## 一、简答题

1. 简述目标检测的主要任务和应用场景。
2. 简述基于候选区域的目标检测算法的基本思想。
3. 简述基于回归的目标检测算法的基本思想。

## 二、实操题

参考任务 9.1～任务 9.4，使用 Mask R-CNN 模型实现小麦麦穗检测模型的搭建和训练。

# 参 考 文 献

[1] 徐立芳. 深度学习[M]. 北京：人民邮电出版社，2020.

[2] 肖睿，程鸣萱. Keras 深度学习与神经网络[M]. 北京：人民邮电出版社，2022.

[3] 伊恩·古德费洛，约书亚·本吉奥，亚伦·库维尔. 深度学习[M]. 赵申剑，黎彧君，符天凡，等，译. 北京：人民邮电出版社，2019.

[4] 吕云翔，刘卓然. PyTorch 深度学习实战[M]. 北京：人民邮电出版社，2021.

[5] 杜世桥. PyTorch 开发入门：深度学习模型的构建与程序实现[M]. 北京：机械工业出版社，2022.

[6] Lécun Y, Bottou L, Bengio Y, et al.Gradient-based learning applied to document recognition[J]. Proceedings of the IEEE, 1998, 86(11): 2278-2324.

[7] 凌峰，丁麒文. 细说 PyTorch 深度学习：理论、算法、模型与编程实现[M]. 北京：清华大学出版社，2023.

[8] 周静，鲁伟. 深度学习——基于 PyTorch 的实现[M]. 北京：中国人民大学出版社，2023.